한눈에 보이는 **수송 기술**의 역사

기술선생님이
들려주는

10대를
위한

궁금한
수송
기술의 세계

오규찬 · 한승배 · 오정훈 · 이동국 · 심세용 **지음**

03

(주)삼양미디어

궁금함이 많은 10대에게
기술 선생님이 들려주는
수송 기술 이야기

인간의 역사에서 수송 기술의 발달은 곧 문명의 발달을 의미합니다. 사람들은 멀리 이동할 수 있게 되면서 활동 영역 또한 넓어졌습니다. 아울러 여러 가지 방법으로 영토를 확장하고, 다양한 기술의 발전은 지금의 문명사회를 이룰 수 있도록 하였습니다. 사람들이 한곳에 모여 살면서부터는 마을이나 도시가 발달했으며, 자연스럽게 전문적인 직업이 등장하고 이것이 디딤돌이 되어 비약적인 발전을 이룰 수 있었습니다. 지역마다 조금씩 그 발전 형태는 다르지만, 여러 개의 마을이나 도시가 모여 하나의 국가가 탄생하였고, 오늘날 사람들은 첨단 기술을 누리며 살아가고 있습니다.

오래전부터 사람들은 하늘을 올려다보면서 새처럼 날고 싶어 했습니다. 호기심 많은 사람들은 손으로 직접 만든 날개를 가지고 날기 위해 많은 시도를 했지만, 성공하지는 못했습니다. 노력 끝에 열기구나 동력을 이용하여 하늘을 날 수 있던 것은 유구한 인간의 역사와 비교하면 그리 오래되지 않았습니다.

그럼 땅 위에서는 어땠을까요? 초창기의 사람들은 물건을 등에 메거나 손으로 들고 운반했습니다. 지금은 자동차를 이용해서 멀리 가기도 하고 무거운 물건을 나를 수도 있지만, 일천 년만 거슬러 올라가도 바퀴 달린 수레를 이용하는 게 전부였습니다.

　　현재를 살아가는 우리에게는 두 가지 경우의 미래가 존재합니다. 첫 번째는 수송 기술이 발달한 풍요롭고 살기 좋은 미래, 두 번째는 잘못된 기술의 사용과 인간성을 상실한 황폐한 미래가 존재할 수 있습니다. 하지만 사람들은 살기 좋은 미래를 꿈꾸고 있습니다. 풍요로운 미래에서는 개인용 수송 수단을 타고 하늘을 날아다니고, 공간 이동 장치를 타고 순식간에 지구 반대편으로 이동할 수도 있을 것입니다.

　　궁금한 수송 기술 이야기에서는 수송에 필요한 시설과 에너지원 그리고 육지와 물, 하늘에 이르기까지 각종 수송 기술의 발달 과정과 미래를 내다 볼 수 있는 첨단 수송 기술까지 살펴보고 있습니다. 여러분은 이 책을 통하여 다방면에서 기술적 교양을 키우고, 이공계 인재로서의 꿈을 키워나갈 수 있기를 바랍니다. 살기 좋은 미래사회를 위해서는 여러분의 역할이 매우 중요합니다. 우리의 아름다운 지구와 인간의 행복한 삶을 위해 우리 모두 끈기 있게 노력하는 삶을 사는 것은 어떨까요?

저자 일동

CONTENTS

I 수송과 에너지

II 육지에서

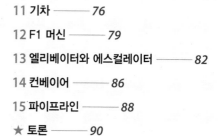

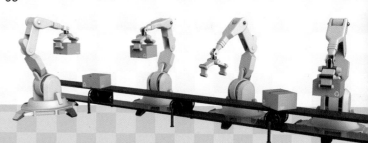

III 바다에서

IV 하늘 그리고 우주에서

미래를 위한…

물건이나 사람을 다른 장소로 운반하는 것을 수송이라고 합니다. 사람들은 한곳에 정착하여 살기 전까지는 식량을 찾거나 위험을 피해 하염없이 떠돌아 다녔습니다. 이때 짐을 운반하고 삶의 터전을 옮기는 데 있어 수송 기술은 매우 중요했습니다.

제1부에서는 사람들의 생활 영역이 넓어지고 멀리까지 이동하게 되면서 수송 기술이 자연스럽게 발달하는 과정을 살펴보고, 도로·항만·공항 등의 수송 시설을 알아보겠습니다. 또한 수송에서 빠질 수 없는 에너지 분야도 알아보도록 하겠습니다.

수송과 에너지

01 이동 및 정착 생활

오래전 천연 동굴에서 주로 생활하던 구석기 시대의 사람들은 몇 명씩 무리 지어 생활했을까? 사자나 닭의 무리는 수컷 한 마리가 우두머리 노릇을 하는 데, 이들처럼 그들의 우두머리 역시 남자 한 명이었을까? '고인돌 가족 플린스톤'(1994)이란 영화를 보면 이러한 궁금증이 해결될까?

옛날 사람들은 살아가기 위한 본능에 따라 먹을거리가 풍부하고 살기 좋은 환경을 찾아 짧게는 하루나 이틀부터 길게는 수년 동안 그곳에 정착하여 살았다. 그들은 주변을 꼼꼼히 살펴 먹을 것이 풍부한지 알아보고, 맹수나 추위로부터 안전한 곳을 찾아 삶의 보금자리를 마련했다. 또한 사람들은 수렵이나 채집 생활을 하면서 자신들만의 영역을 표시하고, 다른 사람이 침범하면 경계하거나 공격하기도 했다. 이것은 마치 야생 동물이 자신의 영역을 표시하고 다른 동물이 침범하면 목숨을 걸고 싸우는 것과 같은 이치이다.

Think Gen
원시인들은 도구로 돌과 나무 중 무엇을 먼저 사용하기 시작했을까?

| 선사 시대의 사람들은 일정 기간 작은 무리를 이루며, 한곳에 모여서 생활했다.

구석기 시대의 뗀석기, 신석기 시대의 간석기와 같은 유물을 보면 그 당시에는 나무나

♨ 돌을 갈아서 만든 도구

돌로 간단한 생활 도구를 만들어 사용했음을 알 수 있다. 이후 금속을 이용하여 각종 도구

⚒ 인류가 돌을 깨뜨려서 모양을 다듬어 만든 도끼나 칼 등의 도구

를 만들어 사용하면서 청동기 시대 및 철기 시대로 접어들었다.

　이후 사람들은 자신의 생활 영역을 표시하고 가죽이나 천연 재료를 사용하여 피난처를 만들면서 집의 형태가 등장했고, 야생에서 채취한 식량을 보관하게 되면서부터 정착 생활을 하기 시작하였다. 또한 유목민들처럼 이곳저곳으로 옮겨 다니지 않고 한 곳에 정착하면서부터는 마을도 만들어졌다.

　이와 더불어 식량을 얻기 위해 야생 동물, 즉 야생 염소나 양, 멧돼지 그리고 소와 늑대 (개) 등을 길들여 기르기 시작했다. 이때까지는 짐을 운반하는 것이 철저하게 사람들의 힘에 의해서 이루어졌는데, 좁은 지역에 무리를 지어 살았기 때문에 큰 문제가 되지 않았다. 또한 여러 명이 모일수록 더 많은 짐을 옮길 수 있었고, 큰 물체도 서로 협동하여 운반할 수 있었다.

02 영토의 확장과 수송

옛날 사람들은 영토를 넓히거나 전쟁을 치를 때 영화나 소설에서처럼 매머드와 같이 덩치 큰 동물을 실제 활용했을까?

일부 사람들이 농사를 짓고 가축을 기르며, 정착 생활을 시작할 때까지만 해도 사냥과 채집으로 살아가는 사람들이 대부분이었다. 하지만 정착 생활을 시작하면서부터 사람들은 많은 변화를 겪기 시작했다.

영토 확장

사람들이 한곳에 모여 살게 되면서 생활 도구, 집, 마을, 생활 방식 등에는 어떤 변화가 생겼을까?

사람들이 정착 생활을 하면서 식량을 보관하고 음식을 담을 수 있는 그릇을 만들어 사용했으며, 옷감 짜는 기술도 발달하였다. 옷으로 추위를 막을 줄 아는 사람들은 기온이 영하로 떨어지는 추운 지역에서도 살 수 있게 되었고, 활동 영역도 점차 넓어졌다.

재산이 많고 식량도 풍부한 사람을 중심으로 자연스럽게 지배층과 특권층이 형성되었고, 힘 있는 사람들의 거주지 주변으로 많은 사람이 모이면서 마을도 크게 번창하였다.

큰 마을에는 손으로 물건을 직접 만들어 파는 장인이 등장하였고, 시장이 발달하면서 많은 사람과 물건의 이동이 늘고 왕래도 잦아졌다. 또한 큰 강 주변의 마을을 다스리는 지배자는 농사를 짓는 데 필요한 수로를 손에 넣고 지배의 수단으로 삼았다.

ThinkGen
인간은 언제부터 가축의 힘을 이용하여 짐을 운반하기 시작했을까?

↳ 물이 흐르는 통로

| 아주 오래전부터 인류에게 매우 중요했던 이동과 수송 수단

전쟁과 수송 기술

인류의 역사에서 끊임없이 등장하는 전쟁은 언제부터 일어나기 시작했을까? 정착 생활과 함께 농사를 지으면서 나타나기 시작한 것일까?

마을들이 생겨나고 그것이 확장되어 도시로 발달했다. 또한 식량이 풍부해지고 전문적인 일에 종사하는 장인이 나타남으로써 사람들의 삶은 풍요로워졌다. 하지만 식량과 영토를 둘러싼 다툼과 전쟁이 일어나기도 했다. 전쟁이 일어나면 군인들이 이동하고 전쟁에 사용하는 물품을 운반하게 되므로 수송 기술의 발달에도 큰 영향을 끼쳤다.

꼭 전쟁이라고 단정할 수는 없지만, 프랑스의 물라-게르시(Moula-Guercy) 동굴에서 발견된 6구의 네안데르탈인에서는 사람의 뼈와 살을 발라낸 흔적이 있고, 이라크의 샤니다르(Shanidar) 동굴에서 발견된 유적에서는 옆구리가 예리한 도구로 찔린 흔적이 발견되기도 하였다. 학자에 따라 이를 의료 행위의 흔적으로 보거나 싸움의 상처로 보기도 한다.

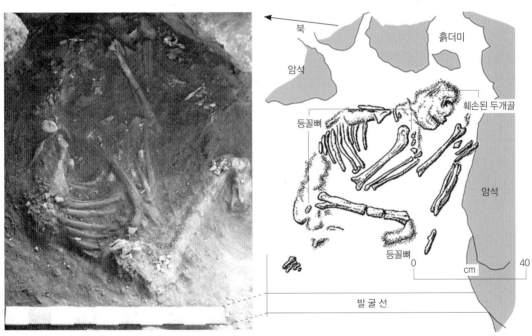

| 샤니다르 동굴에서 발견된 유적

질문이요 수송과 수송 기술의 차이는?

사람이나 물건을 다른 곳으로 이동시키는 수단이나 활동을 수송이라고 한다. 예를 들어 엘리베이터를 타고 9층에서 1층으로 내려오는 것, 비행기를 타고 해외로 나가는 것, 자전거를 타고 여행을 다니는 것 등은 모두 수송이고, 이를 가능하게 하는 관련 기술을 수송 기술이라고 한다.

O3 도로

우리는 매일 도로를 이용한다. 도로 위를 걷기도 하고 자전거를 타고 달리기도 하며, 승용차나 버스를 이용하여 목적지로 가기도 한다. 만약 도로가 없다면 우리의 생활은 어떻게 변할까? 옛날 조선시대 사람들은 한양(서울)에서 동래(부산)까지 걸어서 며칠이나 걸렸을까?

인류는 도로를 걷거나 물건을 운반하는 수송로로 사용했을 뿐만 아니라, 전시에도 적극 활용했다. 고대부터 실크로드는 동서 간의 문물을 교류하는 혈관 같은 역할을 했으며, 광대한 영토를 가진 로마제국의 황제는 깔끔하게 정비된 도로를 나라를 통치하는데에 적극 활용했다. 또한 중국 삼국시대의 제갈공명은 적군이 모르는 길을 찾아낸 후에 작전을 세워 전투에서 이겼으며, 나폴레옹이나 히틀러는 전쟁의 승패가 도로의 역할에 달려 있다고 믿었다. 이처럼 도로는 전쟁 중에는 물자를 공급하는 중요한 통로 역할을 했다.

도로를 만드는 재료로는 아주 오랜 옛날부터 나무나 돌, 벽돌 등이 사용되었다. 기원전 220년경 진나라 시황제는 돌로 도로를 포장하였고, 가파른 산에는 돌계단을 만들기도 했다.

인도에서는 벽돌을 구워 도로를 포장하는 데 사용했으며, 로마제국은 기원전 334년부터 시멘트나 돌을 사용하여 도로를 건설하였다. 로마제국의 전성기 때는 잘 정비된 29개의 군사 도로(전체 길이 85,000km)를 이용하여 전쟁터로 향하곤 했다.

ThinkGen
"모든 길은 로마로 통한다."는 어떤 이유로 생긴 말일까?

| 로마인들이 도로를 공사하는 모습   〈참고: 로마인들의 도로(The Roads of the Romans)〉

현대의 도로

20세기 이후 자동차의 시대가 열리면서 도로는 물류 시스템에서 핵심으로 떠올랐고 나라 발전에 많은 공헌을 했다. 우리나라의 경우 도로를 새로 건설하거나 유지·관리하는 데 드는 비용으로 매년 정부 예산의 5% 정도를 사용하고 있으며, 지방자치단체나 민간 기업의 투자까지 합하면 해마다 도로에 쏟아 붓는 돈은 상상을 초월할 것으로 예측된다.

현대의 도로는 자동차의 통행 및 자연적 여건을 고려하여 설계하고 있다. 예를 들어 도로의 폭은 자동차의 최소 회전 반경을 확보해야 하며, 자동차가 최고 속도로 주행할 때는 원심력에 의해 도로 밖으로 이탈하지 않아야 한다. 또한 눈이나 비가 올 때를 대비하여 물이 고이지 않고 배수가 원활하게 이루어지도록 설계해야 한다.

도로는 현대 사회의 수송과 관련된 분야에서 매우 중요한 비중을 차지하고 있으며, 도로의 계획과 설계·유지 등을 연구하는 학문을 도로공학이라고 한다.

완전 도로란?

최근 충북 청주시는 전국에서 처음으로 자동차에 빼앗긴 도로를 사람에게 되찾아 주는 선진국형 '완전 도로(complete streets)'를 조성했다. 유럽과 미국의 지방자치단체들이 도입하고 있는 완전 도로란 '자동차 중심이 아니라 보행자, 자전거, 자동차의 통행이 조화를 이루는 도로로, 친환경성과 삶의 질 향상, 교통혼잡의 해결에 도움을 준다고 한다.

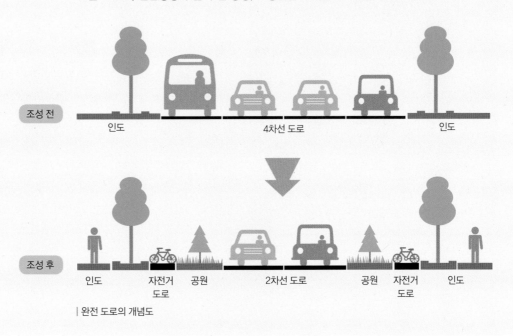

| 완전 도로의 개념도

〈참고: 조선일보 2013년 1월 21일〉

04 다리와 터널

다리와 터널은 우리의 일상생활에서 어떤 역할을 하고 있을까?

수송 수단이나 기술이 발전하면서 인간들의 생활 영역 또한 넓어지고 있다. 사람들은 길을 나섰을 때 앞을 가로막는 큰 강이나 호수 위를 건너고, 높은 산을 가로질러서 이동하기를 원했다. 이로 인해 등장한 건설 구조물이 다리와 터널이다.

다리

여러분은 혹시 '더 테러 라이브'(2013)라는 영화를 본 적이 있는가? 이 영화는 테러범에 의해 한강 마포대교에서 폭탄 테러가 발생하는 순간을 생중계하는 형식으로 전개된다. 그런데 다리가 그렇게 쉽게 폭파될까?

우리나라에서 가장 오래된 돌다리는 충북 진천의 농다리(충북 유형문화재 28호)로 고려 초기에 만들어졌다. 그리고 세계에서 가장 길고 오래된 나무다리는 미얀마의 우베인 다리로, 1800년대 중반에 만들졌으며 길이는 약1,200m이다.

| 충북 진천의 농다리
〈출처: 문화재청〉

| 미얀마의 우베인 다리

과거에 나무와 돌로 만들던 다리는 자연 지형의 장애를 극복하는 데 많은 한계가 있었다. 하지만 근대 이후 다리를 만드는 재료로 강철과 콘크리트가 사용되면서 과거에는 불가능하게만 여겨졌던 긴 다리를 다양한 공법으로 건설하는 시대가 열렸다.

✑ 바다·하천·호수 또는 골짜기와 같이 물이나 어떤 공간 위에 걸쳐 세운 구조물로 '다리'를 의미

현대의 교량은 건설 재료와 공법이 발달하면서 여러 가지 교량 형태를 혼합하여 건설하는 경우가 많아졌다. 최근에 건설되는 긴 다리들은 사장교, 현수교, 아치교 등을 적절하게 혼합하여 건설하는 추세이다.

| **현수교** 주 탑과 주 탑 사이에 케이블을 늘어뜨려 연결하는 형식의 다리

| **아치교** 양쪽 끝은 처지고 가운데는 활처럼 휘어져 높이 솟게 만든 다리

| **사장교** 교각 없이 양쪽에 높이 세운 버팀기둥 위에서 비스듬히 늘어뜨린 케이블로 다리 위의 도로를 지탱하는 구조의 다리

현대의 교량 건설 기술은 기존 다리 건설의 문제점들을 개량하며 계속 발전하고 있다.

궁금한 수송 기술의 세계

영국 런던의
타워 브리지

| 빅토리아 여왕시대인 1894년에 완공된 다리로 영국 런던의 템스 강 하류에 있다. 대형 선박이 통과해야 할 때 90초간 무게 100톤의 다리가 수압을 이용하여 다리 양쪽 끝이 들려 중앙이 열리는 도개교이다.

최근 우리나라에서 건설한 대형 다리로는 서해안고속도로의 서해대교(2000년), 부산의 광안대교(2003년), 인천국제공항을 이어주는 인천대교(2009년), 전남 여수와 광양을 잇는 이순신대교(2013년) 등이 있다.

ThinkGen

길이가 2.26㎞의 현수교인 이순신대교는 270m 높이의 주탑으로 유명하며, 두 개의 주탑 사이의 경간 길이가 1,545m라고 한다. 설계자는 이 대교를 어떤 의미로 설계했을까?

2009년에 완공한 인천대교는 교량 길이가 18.38㎞로 우리나라에서 가장 긴 다리이며, 완공될 당시 세계 6위로 주목받았다. 그리고 2013년 중국 저장성에 완공한 지아샤오대교는 바다 위에 건설한 다리 중 세계에서 가장 긴 사장교로, 왕복 8차선이며 교량 길이가 무려 69.5㎞에 이른다.

| **인천대교** 우리나라에서 가장 긴 다리

| **지아샤오대교** 세계에서 가장 긴 다리

미국의 타코마 다리의 붕괴 사건을 아시나요?

1940년에 개통했던 미국의 타코마 다리는 당시 토목공학의 최첨단 공법으로 강풍에도 견딜 수 있도록 설계된 것으로 853m의 길이를 자랑하는 현수교였다. 하지만 이 첨단 교량이 완공된 지 4개월 만에 어이없이 무너졌다. 사고의 원인은 얇은 다리 상판이 부는 바람의 에너지를 받아 흔들리면서 붕괴된 것이다. 이는 깃발이 바람에 의해 끝이 펄럭이는 플러터(flutter) 현상 때문에 붕괴 사고가 발생한 것이다. 이 사건으로 현수교나 사장교를 건설할 때는 공기역학을 고려하게 되었다.

터널

도로 건설에서 가장 큰 걸림돌은 강, 호수, 산 등이다. 도로나 다리를 놓는 것이 쉽지 않은 높은 산이나 넓은 강은 그 밑으로 터널을 만들면 좀 더 쉽고 빠르게 이동할 수 있는 통로가 된다. 근래에는 도시 곳곳에 지하 터널들을 많이 건설하고 있는데, 그 이유는 무엇일까?

기원전 2180년 바빌로니아인들은 유프라테스 강의 흐름을 바꾸고 강바닥을 가로지를 수 있도록 도랑을 파서 벽돌로 된 터널을 만들었다고 알려졌으나 확실한 증거는 존재하지 않는다.

오늘날과 같은 의미를 가진 최초의 진정한 터널은 예루살렘에 있는 히스기야의 터널(실로암 터널)이다. 이 터널은 직선거리 309m인 터널의 양 끝을 두 개의 팀이 굴을 파면서 오는 방식으로 진행되었는데, 방향을 잘못 잡은 탓에 535m의 곡선 터널로 만들어졌다고 한다.

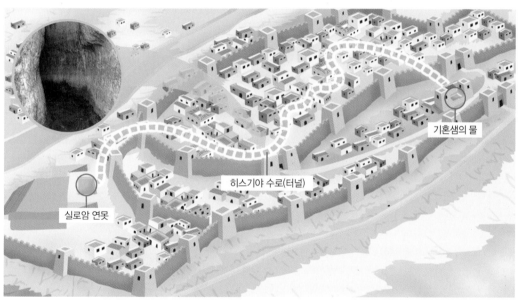

| **예루살렘의 히스기야 터널 모습** 히스기야 시대에 만들어진 수로로 성 밖에 있는 기혼샘의 물을 예루살렘의 성안으로 끌어 들이기 위해 만들어진 인조 터널

| 붕괴 직전의 타코마 다리

| 붕괴되는 타코마 다리

| 재시공된 타코마 다리

또한 중국의 타이항산에 있는 구오리앙 터널은 지역 농부 34,000명 이상이 직접 깎아 만든 터널이다. 길이는 1,200m, 높이 5m, 폭 4m로 된 아주 위험한 길로 유명한 곳이다.

| 구오리앙 터널

터널의 시작은 사용하던 동굴을 확장하거나 식량 보관용으로 토굴을 파면서부터라고 한다. 초기에는 간단한 도구를 사용했기 때문에 단순한 입구나 통로 개념으로 만들었던 것을 17세기 들어 터널 공사에 화약을 이용하면서부터 크고 긴 터널을 건설하게 되었다. 지반이 암반인 곳은 화약(다이너마이트)을 사용하여 터널을 뚫었으며, 근래에는 터널 굴착기를 이용하는 TBM(Tunnel Boring Machine method) 공법으로 터널을 건설하기도 한다.

| 현대 터널의 단면도

TBM은 공업용 다이아몬드가 박힌 불도저로 터널을 팔 수 있도록 설계된 장치(터널 굴착기)로 터널을 뚫는 공법이다. TBM 공법은 미국 Robbins사가 1952년 처음으로 제작하여 사용한 것으로 알려졌지만, 가장 효율적인 TBM 공법을 상용화한 나라는 기계 응용 기술을 지닌 일본이다.

| TBM 공법을 위한 부속 장치를 조립하여 완성한 불도저

질문이요 우리나라에서 가장 긴 터널은 어디일까?

우리나라에서 가장 긴 터널은 서울 양양 고속 도로에 위치한 인제 양양 터널이다. 강원도 인제와 양양을 이어주는 10,965m의 길이를 자랑하는 이 터널은 2017년에 개통되었다. 터널의 개통으로 동해 고속 도로의 양북1 터널(2016년 개통, 7,543m), 46번 국도의 배후령 터널(2012년 개통, 5,057m), 중

| 인제 양양 터널

앙 고속 도로의 죽령 터널(2001년 개통, 4,600m) 등은 짧았던 국내 1위의 영광을 뒤로 하게 되었다.

05 항만

오래전부터 강이나 바다에서는 뗏목이나 배를 만들어 짐을 이동했다. 과거에는 자연적인 지형을 그대로 이용한 항구의 형태가 대부분이었으나 점차 기술이 발달하면서 오늘날 거대하고 다양한 항만들이 만들어 지고 있다. 우리나라에서 가장 큰 항만은 어디일까?

근대화가 진행되고 산업이 발달하면서 사람과 물건의 이 동이 많아지고, 큰 배의 왕래가 잦아지면서 자연적으로 형성 된 작은 항구로는 감당할 수 없게 되었다. 이에 대형 선박의 입출항이 쉽도록 콘크리트나 돌 등을 이용하여 큰 항구를 만 들었는데, 이것이 항만이다.
선박이 안전하게 머물고 사람이나 화물이 오르내리기 위한 곳

ThinkGen
항만 근처에는 많은 배가 다닌 다. 바다에서도 도로에서처럼 배의 통행 방향, 신호등, 차선 등이 정해져 있을까?

오늘날의 대형 항만은 배가 수시로 드나들면서 많은 화물과 승객을 실어 날라야 하기 때문에 부대 시설로 화물 보관소, 승객용 터미널, 공장 시설, 교통 시설 등을 반드시 갖추 어야 한다.

제2터미널

제1터미널

| **경기도 의왕시의 내륙 컨테이너 기지(의왕ICD)** 현재 부산신항, 부산항, 광양항 등을 통해 수출입 되는 화물을 주로 처리하고 있지만, 이 기지가 앞으로 국제적 내륙항(국제 무역 화물의 취급, 보관, 검역 및 통관 절차를 수행하기 위해 하나 이상의 교통수단으로 연결된 내륙의 물류 센터)으로 지정되면 중앙아시아 등지의 내륙 국가와 육로로 교역할 때 이 같은 교통망을 활용할 수 있게 된다.

〈출처: www.uicd.co.kr〉

육지의 화물 기지는 육상 교통 시설의 특성상 대량의 화물을 취급하는 데 한계가 있다. 비록 기차나 트럭이 대량 화물의 운반을 담당하지만, 해상 운송 수단의 운송 규모에 비할 수 없다. 대형 화물선은 많은 양의 짐을 운반할 수 있어, 항만의 규모는 우리가 생각하는 것 이상이다.

그렇다면 육지와 해상, 항공을 이용하는 수송 수단은 각각 어떤 장단점이 있을까?

자동차나 기차는 비교적 가까운 거리에서 화물을 편리하게 운반하고, 항공기는 비록 취급하는 화물량은 적지만 빠른 시간 안에 운반할 수 있는 장점이 있다. 배와 항만을 이용하면 시간은 비교적 오래 걸리지만, 대량의 화물을 수송할 수 있다는 장점을 가지고 있다.

| 유럽 최대 항만인 네덜란드의 로테르담 컨테이너 항만

아하
그렇구나

항해 중인 선박에 꼭 필요한 곳은 어디?

해상교통관제센터(VTS, Vessel Traffic Service center)는 선박 운행의 안전과 효율성을 증진시키고, 환경을 보호하기 위해 항해하는 선박의 움직임을 레이더(rader), CCTV, VHF 등의 장비로 관찰하여 안전 운항과 관련된 정보를 제공한다.

| 해상교통관제센터 내부

06 공항

여러분은 스티븐 스필버그 감독이 제작한 '터미널'(2004)이란 영화를 본 적이 있는가? 바다 위를 항해하는 배를 위해 항만이 건설되듯이 하늘을 날아다니는 비행기를 위한 공항 건설도 필요하다. 공항은 어떻게 발전되어 왔고 어떤 일을 할까?

공항에는 비행기가 이착륙하기 위한 활주로와 그것을 통제하는 관제탑, 그 외에 승객을 위한 편의 시설 등이 건설된다. 또한 수많은 항공기의 안전과 질서 유지를 위해 항공기 교통을 관리하고 통제하는 항공교통센터(ACC, Area Control Center)가 있다.

관제탑에서는 항공교통관제사가 항공기의 이착륙 허가, 공중 대기 지시, 비행장 진입 방향 지시, 이륙 방향 지시 등 항공기의 모든 운항 과정을 안내하고 통제하며, 비행장 내의 항공기 이동 지역에 있는 사람이나 차량 통제, 기상 자료 수집 활용, 소방 및 구급 차량 출동 요청 등의 일을 한다.

| 비행기의 이착륙을 관할하는 공항 관제탑

항공교통센터는 운항하는 모든 항공기에 대하여 지역 관제 업무, 비행 정보 업무, 조난 항공기 경보 업무 등을 수행하며, 특히 공항 관제탑을 관리하는 항공 교통 관제 업무가 주된 일이다.

아하 그렇구나

공항의 활주로 길이는 얼마나 될까?

활주로의 길이는 공항의 위치나 기온, 환경 등에 따라 다른데 비행기의 유형에 따라 이착륙할 수 있는 최소한의 활주로 길이는 다음과 같다.

유형	경비행기	F-15E 전투기	국제선 여객기
활주로 길이	245m	450m	2~3km

세계에서 가장 긴 활주로는 캘리포니아에 위치한 에드워드 공군 기지로 길이가 무려 11,917m에 달하며, 미국의 우주 왕복선 기지로도 유명하다.

우리나라의 공항 변천사

현재(2015년 기준) 우리나라에는 인천, 김포, 제주, 김해, 대구, 청주, 무안, 양양과 같이 8개의 국제공항과 원주, 군산, 광주, 여수, 포항, 울산, 사천 등 7개의 국내 공항이 있다.

우리나라의 공항은 어떤 변천사를 가지고 있을까?

✈ **1914년 용산의 일본군부대 연병장을 비행기의 이착륙장으로 사용**

✈ **1916년 여의도 비행장 개장**

－1922년 12월: 우리나라 최초 비행사(안창남)의 모국 방문 비행

－1953년: 여의도 국제공항으로 변경

－1955년: 한국 최초의 민간항공사 KNA 소속 우남(이승만)호가 하
와이에서 교포 48명을 태우고 도쿄를 거쳐 여의도 공
항에 도착

－1958년: 여의도국제공항이 김포로 이주

－1971년: 여의도 공군기지가 성남 공군기지(K-16, 현재 서울공항)로
이주 후 여의도 공원이 조성됨

| 1955년 여의도 공항의 모습

✈ **1939년 김포 비행장 개장**

－1939년: 일본 군용 비행장으로 사용

－1954년: 미군의 비행장 일부를 한국이 사용하기 시작

－1958년: 김포국제공항으로 변경

－1989년: 해외여행 자유화로 김포국제공항 전면 개방

✈ **2001년 인천국제공항 개항**

－공항 서비스 평가에서 수년간 세계 상위권 우수 공항으로 인정
받고 있음

| 인천국제공항의 모습

인천국제공항의 활주로 길이에 숨은 비밀 하나!

인천국제공항의 제1·2활주로(2001년 완공, 3,750m)보다
제3활주로 길이(2008년부터 사용, 4,000m)가 더 길다. 그 이
유는 최대 1,000명까지 탑승할 수 있는 2층으로 된 A380
점보 여객기의 이착륙은 물론, 지구 온난화로 공기 밀도가 낮
아져 항공기 이착륙에 필요한 거리가 길어지는 것을 대비하
기 위함이다.

| 공항 활주로

07 석탄과 탄광

과거 인류가 불을 발견하지 못했다면 오늘날 우리의 삶은 어땠을까? 지금처럼 먹고 자는 생활이 가능할까? 아니 이만큼 발전했을까? 지금이라도 세상에서 불이 사라진다면 어떤 변화가 생길까?

인간은 나무로 불을 피워 사용하면서부터 음식을 익혀 먹고, 맹수의 위협으로부터 몸을 보호하는 수단으로 활용하였다. 또한 나무는 따뜻한 난방의 도구로 사용되었으며, 마을이나 도시가 점차 발달하면서부터는 나무 대신 쓰일 효율적인 땔감이 필요하게 되었다.

석탄

오랫동안 땔감으로 나무를 사용하던 인간이 석탄이라는 에너지원은 어떻게 발견할 수 있었을까? 우리나라에서는 언제부터 석탄을 사용하게 되었을까?

세계 곳곳의 사람들은 금속 도구를 제작하면서 석탄을 발견하여 사용한 것으로 추정되는데, 기원전 315년 그리스의 문헌에는 대장간에서 석탄을 사용했다는 기록이 남아 있다.

중국의 남북조 시대에 편찬한 〈수경(水經)〉에서는 석탄이라는 글자가 적혀 있고, 12세기 송나라에서는 정책적으로 석탄을 가정용 연료로 사용토록 하여 세금을 부과한 기록이 있다. 또한 영국과 독일 등 유럽에서는 대개 9~10세기경에 석탄을 발견하여 사용한 것으로 추정된다.

우리나라는 김부식이 쓴 〈삼국사기〉(1145년)와 조선시대 윤두수가 편찬한 〈평양지〉(1590년)에서 석탄에 대한 기록이 나온다.

석탄은 오랜 기간 대장간에서 주로 제철 작업에 사용되었지만, 산업 혁명을 기점으로 가정이나 산업 분야 곳곳에서 널리 쓰이기 시작했다. 특히 제임스 와트가 발명한 증기 기관은 석탄을 연료로 사용하였으며, 이로 인해 석탄은 철과 더불어 산업 혁명기에 산업 발전의 원동력이 된 핵심 에너지로 자리 잡았다.

| 증기 기관차의 연료로 사용한 석탄

| 물과 석탄이 연료로 쓰였던 증기 기관차의 내부

우리나라에서 석탄이 근대식 기계에 사용된 것은 1884년 화물을 실은 화륜선(증기선)이 처음이다. 또한 석탄이 주로 가정용 연료로 사용된 시기는 1950년대 초에 석탄을 활용한 '연탄'이 등장하면서부터이다.

아하
그렇구나

석탄은 어떻게 탄생했을까?

고생대에 거대한 숲을 이루던 식물들이 지각 변동으로 인해 땅 속에 묻혀 오랫동안 압력을 받으며 산소가 빠져나가고 탄소만 남은 것(탄화 작용)이 석탄으로 만들어진다. 석탄은 산소가 적어 불이 잘 붙지 않지만, 천천히 타면서 열을 내기 때문에 연료로 많이 쓰였다.

석탄은 탄화된 정도, 즉 탄소의 함유량에 따라 유연탄과 무연탄으로 나뉜다.

유연탄(Bituminous coal) 땅 속에 묻힌 기간이 짧은 토탄(土炭), 이것이 더 오래되면 갈탄(褐炭), 탄화가 더 진행되면 역청탄(瀝靑炭)으로 불린다. 특히 역청탄은 제철 공장에서 주로 사용하는 코크스 제조용으로 쓰이며, 석탄화학공업에서 중요한 에너지원이기도 하다.

무연탄(Anthracite) 석탄 중에서 탄화가 가장 잘 된 것으로 연기가 나지 않기 때문에 무연탄이라 부른다. 우리나라의 석탄은 주로 무연탄이며, 난방용이나 발전용 등으로 많이 쓰였다.

탄광

우리나라 태백에는 과거 석탄 채굴이 한창이던 때의 생활상과 석탄의 이모저모를 알 수 있는 '탄광생활전시관', '태백석탄박물관'이 있다. 그 당시 광부들은 갱도에서 쥐를 만나도 잡지 않았다고 한다. 왜 그랬을까?

근대 이후 우리의 생활 전반에서 석탄을 많이 사용하게 되면서부터 석탄 채굴과 같은 광산업도 덩달아 활기를 띠기 시작하였다. 산업 혁명기에 호황을 누리던 석탄 산업은 도시가 팽창하고 중요한 산업이 되면서 석탄이 매장된 지역마다 탄광 도시가 조성되었다.

↳ 무연탄·역청탄·갈탄 등 석탄을 캐내는 광산

우리나라는 석탄 전체 매장량의 절반 이상이 삼척과 정선 지역에 있어서 그곳에 탄광촌이 자연스럽게 발달하였다.

| 탄광에서 석탄 채굴 작업을 하는 광부들 〈출처: 태백석탄박물관〉

땅 속에 묻힌 석탄은 탄광에서 채굴 작업을 통해 우리에게 의미 있는 물질이 되는 것이다. 우리나라의 한 소설가는 탄광을 '고생대와 현대를 연결하는 특이한 구조물의 세계'라고 표현하기도 했다.

ThinkGen
탄광에서 하는 작업 중 가장 중요한 일을 고른다면? (예: 땅파기, 석탄 운반하기, 물빼기, 터널 모양 유지하기)

아하 그렇구나

노천 광산이란?

탄광은 다양한 형태로 개발되었는데, 산지가 많은 우리나라에서는 대체로 높은 산간 지역에 탄광이 존재한다. 하지만 지표면 가까이에 석탄이 매장되어 있는 나라도 있는데, 이런 곳에서는 땅 위에서부터 석탄이나 광물을 채취하는데 이러한 광산을 "노천 광산"이라고 부른다.

| 노천 광산

꺼지지 않는 석탄불

세계 여러 나라에는 지하의 석탄층에 불이 붙거나 광산에서 일어난 화재 등으로 계속 불타는 마을이 있다고 한다.

미국 ★ 펜실베이니아주 센트레일리아라는 도시는 엄청난 양의 무연탄이 발견되면서 많은 인구가 밀집된 도시로 성장하였다. 하지만 1962년 쓰레기 더미에 난 불이 석탄층으로 옮겨 붙으면서 불은 서서히 지하 석탄층을 갉아먹기 시작했다. 소방서는 많은 양의 물을 지하에 쏟아 부었으나 불을 끄지 못했다. 결국 연방 정부는 마을 사람들을 이주시키는 정책을 쓰면서 마을에는 극소수의 사람들만 사는 유령 마을로 변했고, 석탄층에 붙은 불은 현재의 기술로도 화재 진압이 불가능하다고 한다.

| 석탄층에 붙은 불로 인해 계속 피어오르는 유독 가스

| 1983년과 2001년 센트레일리아 마을 풍경

뉴질랜드 ★ 그레이마우스 인근에 있는 스트롱맨 탄광에서는 1998년 8월에 일어난 화재가 아직도 꺼지지 않고 계속 타고 있다고 한다. 뉴질랜드의 국영 솔리드에너지 탄광회사는 그동안 불을 끄려고 회반죽으로 장벽을 만들어 보기도 하고, 불이 타들어가는 앞쪽에 있는 석탄을 모두 제거하거나 공기를 차단하여 불이 꺼지게 하는 등 다양한 방법을 동원했지만 끌 수가 없었다고 한다.

인도 ★ 최대의 탄전인 자리아 탄광촌도 탄광에 불이 붙어 수십 년 동안 지속되는 '석탄불(coal fire)'로 유명하다. 이곳은 세계 4위의 석탄 생산국으로서, 다량의 석탄을 캐다 보니 무리한 발파 작업으로 인해 석탄불의 개수가 증가하고 있다. 아울러 비가 오는 날이면 땅바닥이 순식간에 가라앉아 싱크홀이 나타나거나 자욱한 유독 가스가 증가하면서 주민들의 삶을 위협하고 있다.

↳ 석탄을 연료로 때는 불

| 인도 불타는 탄광촌, 자리아

08 석유

인간들은 언제부터 석유를 에너지원으로 사용했을까? 석탄이 증기 기관의 보급에 힘입어 산업 혁명의 검은 에너지로 인정을 받았다면, 석유는 현대 문명과 산업의 꽃을 피우게 하는 원동력이라고 할 수 있지 않을까?

현재 석유는 우리가 가장 많이 사용하는 화석 연료이다. 우리는 석유를 가공하여 만든 옷을 입고, 석유로 움직이는 수송 수단을 이용하며, 석유로 만든 생활용품을 쓴다. 석유는 물 밑에 퇴적된 유기물이 지각 변동에 의해 땅속에 묻히고 오랫동안 지압과 지열을 받아 생성된 것으로, 탄화수소를 주성분으로 하는 가연성 기름이다.

| 원유

석유가 산업적으로 사용된 시기는 19세기에 들어 어둠을 밝혀주는 조명으로 사용하면서부터이다. 석유는 가정의 중요한 조명 수단이었으나 에디슨이 발명한 백열전구가 널리 보급되면서부터는 전기에 조명 수단의 대표 위치를 내주었다.

석유는 액체이기 때문에 개발과 취급이 간편하고 열량이 높은 장점이 있으나 매장량이 한정되어 있다. 또한 매장 지역이 한쪽으로 치우쳐 있고, 환경 오염 물질을 배출하기 때문에 대체 에너지의 개발이 시급한 실정이다.

ThinkGen

석유를 지금처럼 사용한다면 얼마 후에 고갈될까?
(참고로 2012년 기준으로 우리나라 1일 석유 소비량은 대략 실내 체육관 3개를 채우고 남는 양이라고 한다.)

아하 그렇구나

세계 1일 석유 소비량은 얼마나 될까?

(단위: 천배럴)

구 분	2012년	점유율 (%)	구 분	2012년	점유율 (%)
미 국	18,555	19.8	아프리카	3,523	4.0
러 시 아	3,174	3.6	일 본	4,714	5.3
유 럽	18,543	21.3	중 국	10,221	11.7
중동국가	8,354	9.1	대한민국	2,458	2.7
OECD 합계	45,587	50.2	총 합계	89,774	100

석유는 어떻게 분리해 낼까?

원유는 탄화수소의 끓는점을 이용하여 정제하게 되는데, 30단 정도의 트레이를 설치한 정류탑에 350℃ 전후로 가열된 원유를 분사하여 분리해 낸다. 위로부터 가솔린, 등유, 경유 등이 분리되고, 350℃ 부근에서는 증발하지 않는 혼합물(잔유)을 처리하여 약간의 경유와 윤활유, 아스팔트 등으로 분리해 낸다.

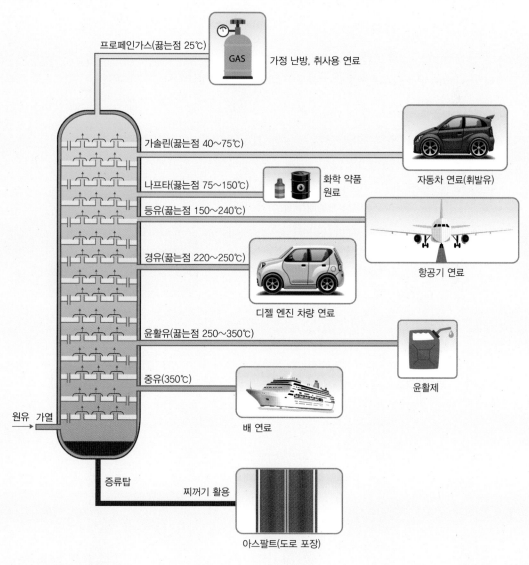

| 원유를 정제하는 과정과 활용도

09 천연가스

중요한 대중교통 수단인 시내버스는 경유 대신 가스를 대체 연료로 사용하고 있다. 물론 택시는 훨씬 이전부터 가스를 연료로 사용하였다. 이처럼 교통수단에 가스를 연료로 사용하면 어떤 점이 좋을까?

천연가스(NG; Natural Gas)는 유전·탄광 지역에서 분출되는 자연성 가스인 메테인가스, 에테인가스 따위로 원유나 석탄과 함께 오늘날 연료로 많이 쓰이는 에너지원이다. 액화천연가스는 저공해 에너지로 각광받고 있어서 도시가스와 버스의 연료로 많이 쓰인다.

현재 우리나라에서는 동해의 울산 앞바다에서 천연가스를 생산하고 있다.

아하 그렇구나

일상생활에서 많이 쓰이는 가스의 유형에는 어떤 것이 있을까?

천연가스(NG): 유전이나 탄광 지역에서 채취할 수 있는 자연적인 가스를 뜻한다.

- 액화천연가스(LNG): 천연가스를 −162℃의 상태에서 약 600배로 압축하여 액화시킨 가스로 순수 메테인의 성분이 매우 높고 수분의 함량이 없는 청정 연료이다.
- 압축천연가스(CNG): 천연가스를 200~250배로 압축하여 압력 용기에 저장한 연료이다.

| LNG 선박

액화석유가스(LPG): 유전에서 석유와 함께 나오는 프로페인(C_3H_8), 뷰테인(C_4H_{10}) 등이 주 성분인 가스를 압축하여 만든 연료로 15℃ 이하에서 액화하면 프로페인은 1/260로, 뷰테인은 1/230으로 부피가 줄어든다.

- 프로페인(propane): 취사용 연료, 아파트나 빌딩 등 대형 건물의 난방용 연료, 산업체의 공업용 연료 등으로 쓰인다.
- 뷰테인(butane): 자동차 연료, 난방용 연료, 이동용 버너 연료 등으로 쓰인다.

| 프로페인 가스

| 뷰테인 가스

천연가스

| CNG 가스로 움직이는 친환경 버스

| 해저 석유와 천연가스 시추선

10 핵에너지

값싸고 깨끗한 에너지를 확보하는 것은 대부분 국가의 바람이다. 이런 이유로 우리의 생활 속에 빠르게 파고 든 것이 원자력 발전이다. 핵분열 반응의 속도를 조절하면서 여기에서 발생한 열로 전기를 생산할 수 있다는 아이디어는 그 속에 도사리고 있는 큰 위험을 감수하기에 충분할까?

우리가 흔히 아는 원자력 발전은 우라늄 235가 핵분열할 때 발생하는 열에너지로 물을 끓여 고온·고압의 수증기를 만든 다음, 이 힘으로 터빈을 돌려 전기를 생산하는 것이다.

핵이 폭발할 때 방출되는 많은 양의 에너지를 조절하기 위해 만든 구조물을 원자로라고 한다. 원자로에서는 핵연료에 흡수되는 중성자 수를 조절하여 핵연료의 연소를 조절한다.
🖉 중성자와 충돌하여 중성자의 에너지(속도)를 줄일 수 있는 물질
원자로는 핵연료, 감속재, 냉각재, 제어봉, 차폐재 등으로 구성되어 있다.
🖉 핵분열 반응을 조절하는 막대

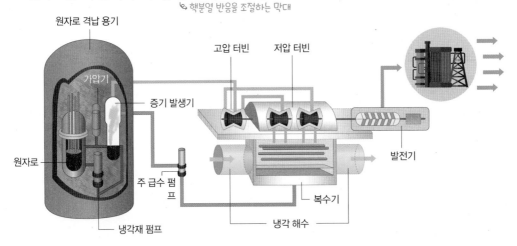

| 원자력에서 발전기까지, 에너지의 이동 경로

| 우라늄 펠렛

핵연료에는 우라늄 235가 2~5% 함유된 저농축 우라늄이나 플루토늄 239 등을 사용한다. 참고로 원자폭탄에는 고농축 우라늄을 사용한다. 핵연료는 길이 1~4m 정도의 원통형 형태의 펠렛으로 사용되며, 5.5g의 펠렛 1개가 생산하는 전력량은 1,600kWh(1가구가 8개월 사용할 수 있는 양) 정도이다.

원자로 중앙에는 연료 다발이 격자 형태로 배열되어 있고, 주변에는 감속재가 있다. 아

울러 원자로에서 발생하는 열을 외부로 빼내기 위해 냉각재가 원자로 내부를 통과하고, 외부의 열 교환기에서는 수증기를 만들어 터빈을 움직여 발전한다. 이때 냉각재는 기체(He, CO_2, N_2)나 액체(*경수, *중수)를 주로 이용한다.

| 원자로 안의 연료봉 다발

또한 우라늄이 핵분열할 때 나오는 빠른 중성자를 에너지가 낮고 느린 열중성자로 바꾸어 주어야 하는데, 이때 사용되는 물질이 감속재(경수, 중수, 흑연 등)이다.

아하 그렇구나

우리나라가 보유하고 있는 원자로는 얼마나 될까?

2018년을 기준으로 고리에 5기, 영광에 6기, 월성에 5기, 신월성에 2기, 울진에 6기 등 모두 24기의 발전용 원자로를 가지고 있다. 이는 미국, 프랑스, 중국, 일본, 러시아 다음으로 많은 원자로를 보유하고 있는 셈이다. 전 세계적으로는 450여 기가 넘는 원자로가 있으며, 앞으로 50여 기 이상의 원자로가 더 건설 중이거나 계획 중에 있다.

고리 · 한빛(영광) · 한울(울진) · 신월성에는 가압 경수로, 월성에는 가압 중수로가 운영되고 있다. 여기서 가압 경수로는 저농축 우라늄을 연료로 사용하고, 감속재는 경수를 사용한다. 또한 가압 중수로는 우라늄 235의 함유율이 0.7% 정도되는 천연 우라늄을 사용하고, 감속재는 중수를 사용한다. 우리나라는 점검을 위해 정지한 원자로를 빼면, 평소 20여 개이내의 원자로를 가동하고 있다.

우리나라 원자로 가동 현황					
고리 Kori	계획된 예방 정비로 2호기만 정지 중이다.				
	▶2호기 ⏸3호기 ▶4호기 ⏸신1호기 ▶신2호기				
한빛 Hanbit	3호기와 4호기만 계획된 예방 정비로 정지 중이다.				
	▶1호기 ▶2호기 ▶3호기 ▶4호기 ▶5호기 ▶6호기				
월성 Wolsong	계획된 예방 정비로 3호기만 정지 중이다.				
	▶1호기 ▶2호기 ▶3호기 ▶4호기 ▶신1호기				
새울 Saeul	계획 예방 정비로 신고리 3호기는 정지 중이다.				
	⏸신고리 3호기 ▶신고리 4호기				
한울 Hanul	6기 모두 환경에 영향없이 정상 운전 중이다.				
	▶1호기 ▶2호기 ▶3호기 ▶4호기 ▶5호기 ▶6호기				

〈자료: 한국수력원자력 제공(2020년 3월 기준)〉

＊

경수 수소와 산소로만 이루어진 보통의 물로 중수와 비교하여 부르는 명칭이다.

중수 중수소와 산소의 결합으로 만들어진 물로 보통의 물보다 무겁고 끓는점과 어는점이 높다. 중수는 원자로의 감속재로 쓰이며 화학식은 D_2O이다.

원자력 발전은 건설 비용이 많이 들지만, 연료비가 저렴하여 다른 발전 방식에 비해 전력 생산비가 약간 적게 들고, 화력 발전에 비해 대기 오염 물질 배출이 적다.

ThinkGen
원자력 발전은 계속하는 것이 좋을까? 아니면 점차 줄여 나가는 것이 좋을까?

그러나 발전 과정에서 발생되는 방사선 및 방사성 폐기물은 지구 환경과 인체에 매우 치명적인 해를 끼친다. 따라서 우리는 원자로와 발전소의 안전을 위한 기술 개발과 핵폐기물의 처리 기술 개발을 위해 꾸준히 노력해야 한다.

핵융합 에너지

1905년 아인슈타인이 특수 상대성 이론을 발표했을 때부터 핵융합에 대한 도전은 시작된 것이나 다름없다고 할 수 있다.

이 특수 상대성 이론에는 세상에서 가장 유명한 공식인 $E=mc^2$가 포함되어 있다. 이 이론의 핵심은 질량이 에너지로 변할 때 광속을 두 번 곱한 수가 적용되기 때문에, 아주 작은 질량이라도 엄청난 에너지로 바뀔 수 있다는 점이다.

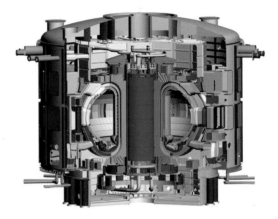

| 핵융합로 　　　　　　　　　〈출처: 국가핵융합연구소〉

$E=mc^2$(에너지-질량 등가법칙)를 이용하여 질량과 에너지의 관계를 계산해 보면, 1g의 질량이 2,150,000,000kcal로 바뀐다. 참고로 이 에너지는 우리가 쇠고기 860톤을 먹어야 섭취할 수 있는 에너지이다.

핵융합 에너지의 모델은 태양이다. 태양은 핵융합 반응을 통하여 엄청난 양의 빛과 열 에너지를 만든다. 여기서 핵융합 반응은 수소 원자핵과 같은 가벼운 원자핵이 무거운 원자핵으로 융합하는 반응이며, 이 과정에서 막대한 에너지가 발생한다.

태양의 중심은 1억℃ 이상의 초고온 *플라즈마 상태이다. 플라즈마 상태에서는 수소처럼 가벼운 원자핵들이 융합하여 헬륨 원자핵으로 바뀌는 핵융합 반응이 일어난다.

ThinkGen
핵융합 반응과 플라즈마 원리를 이용하여 인공 태양을 만들면, 허공에 띄울 수 있을까?

우리가 핵융합 반응에서 발생한 열에너지를 이용하려면, 먼저 중수소와 삼중수소를 플라즈마 상태로 만들기 위해 1억℃ 이상의 고온으로 가열해야 한다는 제약 조건이 따른다.

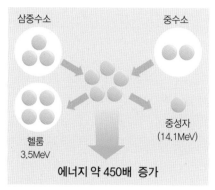

| 핵융합 에너지 발생 원리

❶ 중수소와 삼중수소를 플라즈마 상태로 가열한다.
❷ 토카막 속에서 플라즈마를 약 1억℃ 이상으로 가열하여 핵융합 반응을 일으킨다.
❸ 핵융합 반응으로 발생되는 질량 결손에 의해 핵융합 에너지가 중성자 운동 에너지로 나타난다.

〈자료: 국가핵융합연구소〉

2019년 현재 가장 실용화 단계에 있는 핵융합 장치는 '＊토카막'이다. 도넛 모양의 진공 용기를 초전도 자석으로 두른 형태의 토카막은 1950년대 구소련에서 발명된 이후 우수성을 인정받아 대부분의 국가가 실험용 핵융합로를 지을 때 채택하고 있다.

우리나라에 만들어진 핵융합 연구 장치도 토카막 방식이다. 1995년 '국가 핵융합 연구 개발 기본 계획'을 수립하고 약 12년간의 건설 기간을 거쳐 2007년 완공된 차세대 초전도 핵융합 연구 장치 'KSTAR'는 2008년 플라즈마를 발생시키는 데 성공하면서 본격적으로 운영에 들어갔다.

우리나라는 세계 최대의 국제 핵융합 실험로(ITER) 공동 개발 사업에 미국, 일본, 러시아, 중국, 인도, 중국, EU 등과 공동으로 참여 중이며, 국제 핵융합 실험로(ITER)는 2025년 1차 완공을 목표로 프랑스 카다라쉬(Cadarache)에 건설하고 있다.

| KSTAR 진공 용기 내부

| 국가핵융합연구소에 있는 시험용 핵융합 연구 장치 'KSTAR'

〈출처: 국가핵융합연구소〉

＊
플라즈마(plasma) 초고온 상태에서 전자와 이온이 분리된 상태로 고체, 액체, 기체 이외의 제4의 상태를 의미한다.
토카막(tokamak) 플라즈마 상태로 변하는 기체를 담아두는 둥근 고리 모양의 밀폐된 그릇을 의미한다.

원자력 발전소의 재앙

20세기 인류 최악의 재앙으로 남겨진 사건 중 하나가 체르노빌 원자력 발전소의 폭발 사고이다. 하지만 2011년 일본 지진에 의한 후쿠시마 원자력 발전소의 폭발 사고에 의한 피해는 체르노빌 때보다 10배 이상이라고 한다.

구소련 체르노빌 원자력 발전소의 폭발 사고 ★ 1986년 4월 26일 새벽 1시 24분경 구소련의 체르노빌에서 원자력 발전소의 4호기가 폭발했다. 발전소의 부소장 겸 수석 엔지니어의 지휘 아래 '원자로의 가동이 멈춘다면 얼마나 오랫동안 전력을 공급해 줄 수 있는지'에 대한 실험이 진행되었다. 여러 번 같은 실험이 진행되었고 그 과정에서 증기압은 엄청나게 상승했다. 직원들이 제어봉을 재빨리 삽입했어야 하지만 시간을 너무 많이 낭비하는 바람에 제어가 되지 않았고, 냉각수 투입에도 실패하면서 증기압의 급상승으로 인해 원자로가 폭발했다.

4호기는 두 번에 걸쳐 폭발했는데 1차 폭발이 방사능을 대기 중에 누출시켰다면, 2차 폭발은 4호기 천장을 통째로 날렸다. 소련 당국은 헬리콥터를 이용하여 붕소·납·진흙·모래 등을 뿌렸지만, 해결되지 않아 액제 실소로를 이용하여 화재를 진압했다고 한다.

이곳 발전소가 폭발한 1986년 이후 태어난 아기들의 기형아 수가 증가했고, 러시아와 우크라이나 두 나라의 피폭자 수만 해도 대략 490만 명, 사망자는 약 150만 명에 이른다고 한다.

원자력 발전소의 폭발 사고 당시 가장 큰 피해를 입었던 프리피야트 시는 27년 이상 흐른 지금도 반경 30km 이내는 주거 금지 구역으로 설정된 상태이다.

| 체르노빌 원자력 발전소

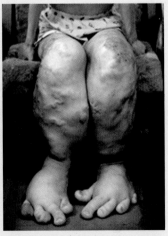

| 방사능에 피폭된 아이의 다리

과학자들은 방사성 원소가 안전한 수준으로 줄어들려면 앞으로도 900년이 더 걸릴 것으로 추정하고 있다.

원자력 발전소의 명암(明暗)

일본 지진에 의한 후쿠시마 원자력 발전소의 재앙 ★ 2011년 3월 11일 오후 2시 46분 일본 도호쿠(東北)

| 쓰나미의 위력

지방에서 일본 관측 사상 최대인 리히터 규모 9.0의 지진이 발생했다. 강진 발생으로 초대형 쓰나미가 해변 도시들을 덮쳤고, 건물 붕괴와 대형 화재가 잇따르며 피해가 속출했다. 특히 지상으로 밀려든 대규모 쓰나미로 인한 정전으로 후쿠시마현에 위치한 원자력 발전소의 냉각 장치가 작동하지 않으면서 4개의 원자로가 수소 폭발을 일으켰다. 이로 인해 많은 양의 방사능 물질이 대기와 해양으로 누출되는 사고가 발생했는데, 이 사고는 국제 원자력 사고 등급의 최고 위험 단계인 7등급에 해당한다.

세월이 흘러 체르노빌 원자력 발전소와 후쿠시마 원자력 발전소의 사고는 어느 정도 처리되어 가지만, 방사능 오염 면에서는 지금도 현재 진행형으로 인류에게 많은 피해를 주고 있다.

후쿠시마 사고 이후 독일·스위스·벨기에 등 유럽 여러 나라는 탈원전 정책으로 돌아섰지만, 우리나라는 여전히 원전 정책을 고수하고 있다. 이에 국가가 나서서 원전 사고가 발생했을 때 나타나는 심각성을 인식하고, 사전에 대처할 수 있는 다양한 안전장치를 마련할 수 있도록 해야 할 것이다.

| 후쿠시마 원자력 발전소의 폭발

우리 인류 역사에서 중요한 에너지원의 역할을 해온 석유는 두 얼굴을 가졌기에 야누스로 비유하곤 한다.

세계 에너지 분야에서 가장 영향력 있는 대니얼 예긴(Daniel Yergin)이라는 작가는 '황금의 샘'으로 석유를 표현했지만, 록펠러(John Davison Rockefeller)는 '악마의 눈물'이라고 평가했다.

2013년		2035년
32	석유	28
27	석탄	26
21	천연가스	22
13	신재생	17
5	원자력	5

〈자료: 국제에너지기구(IEA)〉

| 세계 에너지원 비중 및 전망(단위: %)

석유와 관련된 이슈 중 수십 년 전부터 지속해 온 것이 '석유 고갈론'이다. 이를테면 우리 부모님이 학교를 다니던 시절에도 '40년 후쯤이면 세계의 석유가 고갈될 것'이란 글을 교과서나 신문에서 흔하게 볼 수 있는 내용이었다고 한다. 하지만 1882년 전 세계 원유 매장량은 150억 리터로 추정되었으나 2009년 기준 원유 매장량은 213조 2,000억 리터에 이른다. 지금도 기술 발전으로 첨단 탐사·시추 공법이 개발되면서 원유 매장량은 지속해서 늘고 있다. 더욱이 2014년 들어 미국이나 중국이 셰일오일·오일샌드 등으로 원유를 생산할 수 있게 되면서 '석유 고갈론'은 힘을 잃었다.

석유와 같은 화석 연료의 사용 증가와 지구 온난화의 가속으로 북극의 얼음이 녹아 해수면이 상승하게 되면 태평양의 섬은 물에 잠겨 주민은 더 높은 곳으로 이주해야 하고, 기후가 불규칙적으로 변하는 이상 기온 현상이 발생한다. 그러나 어느 한편에서는 지구 온난화를 재앙이 아닌 기회로 해석하는 사람도 있다. 지구의 온도가 상승하면 북쪽의 땅이 녹아 인간이 활용할 수 있는 공간으로 변하기도 한다. 예를 들어 덴마크의 그린란드와 같은 동토가 녹으면서 경작 가능한 땅이 생기고, 지하에 묻힌 자원을 채굴할 수도 있다. 아울러 북극에는 많은 양의 석유와 가스가 매장되어 있는 것으로 예측되고 있어서 미래의 자원으로 활용할 수 있다고 한다.

〈출처: 내일신문(2014년 3월 24일), 발췌 편집〉

단계 화석 에너지의 종류와 쓰임에 관한 마인드맵을 그려 보세요.

2 단계 두 얼굴의 화석 에너지는 왜 문제일까?

3 단계 두 얼굴의 화석 에너지를 어떻게 사용할까?

　사람들은 주로 육지에서 생활하며 문명을 발달시켜 왔습니다. 그렇기 때문에 물건을 운반하거나 사람들이 이동할 때 육지의 수송 수단을 가장 많이 사용합니다.

　제2부에서는 육지에서 수송 분야가 어떻게 발달되어 왔는지 그 과정을 알아보고, 대표적인 수송 수단들을 살펴보고자 합니다. 역사적으로 가장 오래된 바퀴에서부터 오늘날의 경주용 자동차에 대해 알아보고, 오늘날 산업용으로 등장하여 널리 사용하는 컨베이어와 파이프라인까지 두루 살펴보도록 하겠습니다.

육지에서

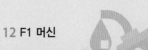

01 바퀴

바퀴가 발명되지 않았다면 현대의 교통수단은 어떤식으로 발달했을까? 자기 부상 열차나 수면 비행 선박인 위그선처럼 바퀴 없는 첨단 기계로 발전했을까? 아니면 아직도 무거운 물건을 여러 사람의 힘으로 간신히 옮기고 있을까?

고대의 수송 수단 중 최고의 발명품으로 인정받는 것은 바로 바퀴이다. 대부분의 발명품이 그렇듯이 바퀴도 한 사람의 뛰어난 능력에 의해 생겨난 것이 아니라 이미 있던 것들을 응용하고 발전시켜 등장했다.

사람들이 무겁고 거대한 돌덩이를 옮기고자 할 때, 긴 통나무 여러 개를 바닥에 깔면 좀 더 쉽게 이동할 수 있다. 하지만 이런 통나무들을 바퀴라고 할 수는 없다. 일반적으로 최초의 바퀴는 기원전 3,500년경 메소포타미아에서 사용하던 도공들의 회전 바퀴를 말한다.

사람들은 짐을 모래나 눈과 얼음 위를 이동하기 위한 나무 썰매에 회전 바퀴를 달아 사용하기 시작한 것이 수송 수단으로서 수레바퀴의 시초라고 할 수 있다.

1 기원전 5000년 경
원판형 나무 바퀴가 탄생한 시기로, 원시적인 형태의 바퀴로 큰 통나무를 자르고 가운데 구멍을 뚫어 사용

연결대

구리못

2 기원전 3500년 경
세 조각의 두꺼운 나무판자를 이어 만든 나무 바퀴로 진화 했는데, 양쪽의 바퀴 가운데에 축을 끼워 사용

바퀴살

바퀴 테두리
바퀴통

3 기원전 2000년 경
바퀴통과 바퀴 테두리를 연결하는 바퀴살로 이루어진 바퀴살 바퀴의 등장

4 기원전 100년 경
바퀴 테두리에 철판을 두른 바퀴살 바퀴로 진화

| 바퀴의 탄생 과정

원시적인 원판형 통나무 바퀴가 등장한 이후, 바퀴통에 바퀴살을 붙이고 테두리 바퀴를 달아 사용하다가 이후에는 철판을 덧대어 사용했다. 하지만 이것 역시 목재로 만든 것이라 만족할 정도로 단단하지는 않았다.

근대 산업의 발달로 기차가 등장하면서 무거운 기차에 적절한 쇠바퀴가 등장하였다. 또한 바퀴 제작에 새로운 소재를 도입하여 진동이 심한 나무 수레바퀴나 무거운 쇠바퀴 대신에 바퀴 테두리에 고무를 사용하였다.

| 고무 재질로 된 최초의 타이어

1948년 스코틀랜드의 톰슨(Robert William Thomson)은 쇠바퀴 테두리에 생고무를 둘러 고무바퀴의 특허를 받았다. 지금도 공장이나 사무실 등에서 사용하는 사무실 의자나 조그만 손수레 등에는 실리콘이나 플라스틱 재질의 고무바퀴를 사용하고 있다.

근래에는 나무바퀴, 쇠바퀴, 고무바퀴, 타이어 등이 사용 목적에 맞게 적절히 사용되고 있다. 자동차 · 기차 · 지하철에 쓰이는 바퀴와 대형마트의 손수레는 물론이고, 하늘을 나는 비행기에도 바퀴가 달려 있다. 심지어 손목시계 안에도 톱니바퀴가 있으며, 기중기에는 둥근 도르래 바퀴를 사용한다.
✎ 크레인이라고도 하며, 무거운 물건들을 들어올려 원하는 위치로 이동하는 기계

ThinkGen
바퀴 없이 자동차가 굴러 가는 방법으로 무엇이 있을까? 자기 부상 열차 이외에 또 다른 방법은 없을까?

| 20세기 타이어들

| 21세기 초의 타이어들

질문이요 오늘날 우리가 흔히 접하는 타이어는 언제 누구에 의해 발명되었을까?

1887년 아일랜드의 던롭(John Boyd Dunlop)에 의해 공기를 주입하여 충격이 흡수되는 가벼운 타이어를 고안한 것이 시초이다.

02 수레와 마차

1959년에 제작된 영화 벤허에는 수레(이륜 전차)를 타고 경주하는 장면이 약15분간 박진감 넘치게 그려져 유명세를 떨쳤다. 여러분은 그 장면을 본 적이 있는가?

수레는 바퀴의 발명과 밀접한 관련이 있다. 바퀴 달린 수레의 가장 오래된 증거는 메소포타미아의 서판에 나온다. 메소포타미아 서판의 대략적인 연대는 기원전 4,000년 중반쯤으로 알려져 있다. 비슷한 시기의 독일 고분에서도 바퀴 자국이 발견되었으며, 폴란드에서 출토된 컵에서는 바퀴 달린 수레 모양의 상형문자가 발견되었다.

└ 글씨를 쓰는 판으로 나무나 점토 등에 그 당시의 생활상을 기록함

대체로 바퀴 달린 수레는 메소포타미아에서 시작하여 전 세계로 전파되었다고 하지만, 일부는 여러 지역에서 비슷한 시기에 나타났을 것이라는 주장도 있다.

아하 그렇구나

전쟁용 수레! 이륜 전차의 활약을 아시나요?

수메르인들은 4개의 바퀴가 달린 전투용 마차를 만들어 전쟁에 사용하였다. 하지만 사륜 전차는 너무 무겁고 커서 기동성이 떨어지자, 점차 2개의 바퀴가 달린 전차로 바뀌었다. 이륜 전차는 중국과 인도를 비롯하여 수메르, 페르시아, 이집트 등에서 널리 사용했다.

전차는 고대의 전쟁에서 주된 역할을 했기에 전차의 수로 전력을 평가하기도 하였다. 전차를 이용한 전쟁은 구약 성서에도 기록되어 있을 정도로 일반적이었으며, 전차 경기가 고대 올림픽에서 중요한 축제로 개최되기도 하였다.

| 경기 중인 전차 군단

수레는 처음에 만들었던 형태에서 꾸준히 개량되면서 발전했다. 특히 바퀴는 더 가벼우면서 튼튼하고 편리하게 발전하였고, 수레도 바퀴의 변화에 따라 발전했다. 더욱 놀라운 사실은 바퀴와 수레라는 두 개의 물건이 결합되면서, 충격을 줄이기 위해 스프링 등을 추가하여 보다 편리한 수레로 발전한 것이다.

좁은 길에서는 손수레가 일반적으로 사용되었지만, 넓은 길에서는 대체로 동물의 힘을 이용한 수레나 마차를 이용했다. 말을 많이 기르는 지역에서는 말을, 그렇지 않은 지역에서는 소가 수레나 마차를 주로 끌었다.

우리나라는 좁은 길의 산지나 울퉁불퉁한 길이 많았기에 말이 끄는 수레는 크게 발달하지 않았다. 옛날 조상들은 소가 끄는 마차나 사람이 직접 메고 이동하는 가마를 주로 사용한 것으로 보인다.

Think Gen

옛날 우리나라에서 사용하였던 수송 수단으로 가마 이외에 사람의 힘을 사용한 것으로 무엇이 있었을까?

| 소가 끄는 수레

| 손수레

| 말이 끄는 수레

미국 천문학자 로웰이 기억하는 1883년의 가마

1883년 한미수교조약이 성립되면서 고종 황제의 초청을 받아 방문한 로웰(Percival Lowell)은 우리나라에서 겨울을 지내며 여러 가지 기록을 남겼는데, 그 중 인천 제물포에서 서울까지 이동하면서 가마에 대한 경험담을 다음과 같이 기록했다.

| **가마** 일반적으로는 아녀자를 태우고 가는 수송 수단으로 앞 뒤 각각 2명 또는 4명이 가마를 메고 이동한다.

평민은 걸어서, 관리는 조랑말이나 가마를 타고 다니는데 조선에서 가마는 일상적인 교통수단이다. 그러나 유럽인들한테는 불편하기 짝이 없다. 언뜻 보면 사치스럽고 화려하며 위엄이 느껴질지 모르겠지만, 실상은 겉만 번지르르할 뿐 불편한 교통수단이다.

가마는 의자가 아니라 막대기 위에 얹힌 장방형 상자로 되어 있다. 상자 안은 가로와 세로가 각각 2.5피트의 빈 공간으로 그곳에 들어가 앉아 있으면, 마치 움직이는 방 안에 있는 기분이 든다. 앞에는 들고 나갈 문을 두었고, 그 위에 여닫을 수 있는 휘장이 붙어 있다. 양 옆으로는 작은 창을 냈는데, 거기 붙은 2인치 크기의 네모난 유리는 추운 날씨에도 여행자가 밖을 내다볼 수 있게 되어 있다. 그러나 창이 작고 높아서 주의를 기울이지 않으면 마치 육지가 보이지 않는 바다 위에 떠 있는 기분이 든다. 게다가 안으로 전달되는 흔들림은 더욱 그런 환상에 빠져들게 한다.

두 사람이 가마를 메는데, 막대기 양 끝에는 가죽 끈으로 알맞게 멍에를 만들어 등과 팔에 부담을 나누어질 수 있게 했다. 이러한 장치는 안에 탄 사람의 몸 전체를 움직이게 하면서 승객에게 즐거움을 줄 뿐 아니라 안정감을 느끼게 한다.

〈출처: '내 기억 속의 조선, 조선 사람들' (p.47) 중에서〉

| 미국인 로즈 푸트가 가마를 타고 궁궐로 가는 모습

03 자전거

최초의 자전거는 핸들로 방향을 바꿀 수도 없고, 브레이크로 속도를 줄일 수도 없었다. 자전거가 처음 등장했을 때만 해도 잔디가 깔린 정원 언덕에서 신나게 타고 내려오는 귀족용 물건이었다니, 지금 자전거를 가지고 있는 여러분은 귀족?

자전거의 유래나 기원은 명확하지 않다. 기원전 이집트와 중국의 벽화에서 자전거와 유사한 것으로 보이는 그림이 발견되기도 했지만, 보다 구체적인 자전거의 형태로 보이는 것은 레오나르도 다빈치(Leonardo da Vinci)의 구상이다.

ThinkGen
앞바퀴가 큰 자전거는 어떤 이유 때문에 사라지게 되었을까?

| 레오나르도 다빈치의 설계대로 제작한 자전거

앞뒤의 바퀴를 이용하여 달리는 자전거의 발명을 놓고 독일 · 프랑스 · 영국 · 러시아 등의 여러 나라가 각자 원조라고 주장하고 있지만, 그것은 어떤 형태의 탈 것을 최초의 자전거로 보느냐에 따라 달라진다.

근대에 들어 제작된 자전거의 첫 용도는 귀족들의 놀이용 기구였다. 1790년 프랑스의 귀족이었던 시브락(Conde de Sivrac)은 방향을 조종할 수 없는 목마 형태의 자전거를 만들었고, 1820년 프러시아의 장교인 드라이스(Karl Drais)는 방향 조종이 가능한 자전거를 만들었다. 오늘날과 같은 형태의 자전거는 1900년대 초반부터 등장했다.

오늘날의 자전거는 레저용, 교통수단용, 어린이용 등으로 나누거나 도로용, 산악용, 경주용 등으로 나누기도 한다. 최근 들어 충전용 배터리를 내장하여 손쉽게 이동할 수 있는 전기 자전거가 인기를 끌고 있다.

산악용(MTB) 산악 능선을 질주하기 좋게 만든 자전거

다운힐(downhill) 정상에서 아래로 빠르게 내려올 수 있도록 만든 자전거

도심형(hybrid) 시내 도로 주행이나 하이킹에 적합한 자전거

비엠엑스(BMX) 핸들을 360° 회전 가능하고 점프와 계단 오르내리기가 가능한 자전거

사이클(road) 빠른 속도감과 장거리 주행에 유리하며, 바퀴가 얇고 가벼운 자전거

2인용(tandem) 앞뒤로 두 사람이 함께 타고 페달을 밟아 속도를 낼 수 있는 자전거

| 자전거의 종류와 특징

아하 그렇구나

자전거의 최고 속도는 얼마나 될까?
자전거의 기어 비를 크게 하면 페달을 밟았을 때 큰 속도를 낼 수 있을 것 같지만, 그렇지 않다. '주행 속도 = 필요 출력/주행 저항'의 관계가 있어서 주행 저항, 특히 공기 저항은 속도의 제곱에 비례하여 커지므로 속도를 크게 하려면 자전거를 탄 사람이 낼 수 있는 힘이 커야 한다.

보통 성인이 낼 수 있는 출력은 0.8hp*로 10초 정도이며, 중학생인 경우에는 0.3hp로 20초 정도이다. 또한 60km/h의 속도를 내려고 하면 약 1.2hp이 필요하다고 한다.

자전거를 탈 때 공기 저항이 없으면 상당한 속도를 낼 수 있다. 1962년 프랑스의 메이프레가 특수한 바람막이를 설치한 경주용 자동차의 뒤를 달려 240km/h(1km 구간)의 경이적인 기록을 세우기도 했다.

---
* HP(Horse Power, 마력) 1마리의 말이 낼 수 있는 동력을 의미한다.

우리나라는 1950년대 후반에 이르러 프레임을 생산하면서 국산 자전거를 생산하기 시작했다.

| 1960년대 국산 자전거 공장

쳐다보니 안창남, 굽어보니 엄복동?

우리나라에 자전거가 언제부터 들어왔는지는 정확하지 않다. 윤치호가 미국에서 들여온 것이 처음이라고 하지만, 개화기에 일본인이나 서양의 선교사 등에 의해 국내에 들여와 사용한 것으로 추측된다.

우리나라에 처음 들어왔을 때에는 사람의 힘에 따라 스스로 굴러간다고 하여 '자행거(自行車)'라고도 불렸으며, 1900년대 초반에는 등불 없이 밤에 자전거를 타지 못하도록 한 것으로 보아 자전거가 흔해지기 시작한 시기인 듯하다.

1920년대에 이르러 엄복동은 자전거를 잘 타는 것으로 이름을 떨쳤다. 일본인들이 참가하는 자전거 대회에서 언제나 1등을 차지하여, 당시에는 '쳐다보니 안창남, 굽어보니 엄복동'이라는 노래까지 유행했다고 한다. 참고로 안창남은 우리나라 최초의 비행사였다.

| 엄복동 선수(왼쪽에 서 있는 사람)와 자전거 엄복동 선수가 탄 자전거는 현재 한국체육대학교 박물관에 보관되어 있다.

04 증기 기관의 등장

　인류는 오랫동안 사람이나 가축의 힘, 또는 풍력이나 수력과 같은 자연의 힘을 이용해 왔다. 그러던 중 증기 기관이 등장하면서 산업은 급속도로 발전하는 계기가 되었다. 증기 기관하면 떠오르는 제임스 와트는 과연 처음으로 증기 기관을 발명했을까?

　16~17세기 유럽에서 방적이나 방직과 같은 섬유 산업이 도시를 중심으로 발달하면서 도시민의 난방이나 조리에 소비되는 석탄 산업, 즉 광산업도 활기를 띠기 시작했다. 석탄 소비량이 늘어날수록 석탄 채굴을 위해 점점 광부들은 더 깊은 지하로 내려가야 했는데, 지하로 내려갈수록 갱도에 물이 고이는 문제에 부딪치게 되었다. 지하 갱도에 고인 물을 양동이로 퍼낼 수밖에 없었던 광산업자들은 이를 해결할 또 다른 돌파구를 찾아야 했다.

（위 첨자 주석: 실을 뽑는 일 / 실로 천을 짜는 일）

　1679년에 프랑스의 데니스 파팽(Denis Papain)은 압력솥 실험을 하면서 압력솥에서 증기가 엄청난 힘을 발휘한다는 사실을 밝혔다. 1698년에 영국의 토마스 세이버리(Thomas Savery)는 고인 물을 빠르고 쉽게 빼내기 위해 증기의 힘으로 작동되는 펌프를 고안하였다. 하지만 이 펌프는 증기의 힘만큼만 물을 끌어 올리는 단점이 있었다. 토마스 세이버리의 증기 펌프로는 최대 7.6m 정도의 물을 끌어 올릴 수 있었다고 한다.

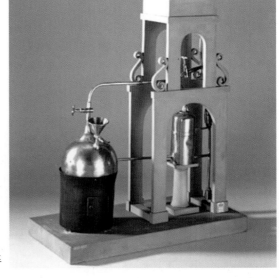

ThinkGen
인터넷을 이용하여 손으로 작동하는 물 펌프를 찾아 그 원리를 알아 보자. 그리고 튜브에 바람을 넣어주는 펌프의 원리와는 어떤 차이가 있는지 알아 보자.

| 토마스 세이버리의 증기 펌프

이후 1712년 드디어 영국의 토마스 뉴커먼(Thomas Newcomen)은 광산의 지하수를 끌어올릴 수 있는 대기압식 증기 기관을 만들었다. 토마스 뉴커먼의 증기 기관은 증기가 피스톤을 밀어 올리면 외부로 연결된 응축기가 실린더 안으로 찬물을 뿜어 수축되도록 하였다. 이것은 불을 꺼트리지만 않으면 계속하여 펌프처럼 위아래로 반복하는 형태로, 석탄이 많지 않은 지역에서는 사용이 불편했지만 탄광에서만큼은 능력을 제대로 발휘하였다.

1765년에는 뉴커먼의 증기 기관을 개량한 제임스 와트(James Watt)의 증기 기관이 등장하였다. 제임스 와트의 증기 기관은 응축기를 실린더 밖으로 빼내어 열효율을 높인 것으로 1769년에 특허를 받았으며, 이후에는 증기의 힘에 의해 피스톤을 양쪽으로 밀어주는 형태로 개량되어 많은 인기를 끌었다.

제임스 와트는 매튜 볼튼(Matthew Boulton)의 투자에 힘입어 1781년부터 회전 운동이 가능한 증기 기관을 제작하여 판매하였는데, 이 증기 기관의 등장으로 영국 산업혁명이 가속화 되었다.

| 제임스 와트의 증기 기관 모형

러다이트(luddite, 기계 파괴) 운동이란?

아하 그렇구나

영국의 봉건 사회가 붕괴되면서 자유로운 농민층이 등장하고, 이에 따라 모직물과 관련된 산업이 발달하였다. 이와 함께 16세기 이후 목재 자원이 줄어들면서 대체 연료를 찾기 시작한 것이 석탄이었다.

석탄의 소비가 증가하면서 등장한 것이 증기 기관이다. 공교롭게도 증기 기관은 섬유 산업뿐만 아니라 다른 산업을 급속도로 발전시키는 원동력이 되었다. 마침내 기계 공업이 발달하고 수공업이 위축되면서 그 여파로 수공업 공장의 노동자들이 실직하여 빈곤의 악순환을 거듭하게 되자, 러다이트(또는 기계 파괴) 운동까지 일어나는 부작용이 나타났다.

이 운동은 19세기 초반 영국에서 일어났던 사회 운동으로 자본가에게 빌려 사용하던 기계를 파괴함으로써, 자본가의 착취에 맞서 계급 투쟁을 한 것으로 유명하다.

05 자동차의 등장

　자동차가 등장하기 전 대표적 교통수단은 마차였다. 마차는 동물이 직접 끌어야 해서 말이 지치면 쉬게 하거나 다른 말로 교체해야 했다. 또한 말이 놀라거나 흥분하여 마차가 전복되는 교통사고도 빈번하게 발생했다. 이후 증기 기관과 같은 기계가 등장하면서 사람들의 교통수단은 어떻게 바뀌었을까?

　15세기 이후의 레오나르도 다빈치(Leonardo da Vinci)는 스프링과 태엽을 이용한 차를 설계했으나 실용화되지는 못했다. 1569년 네덜란드의 수학자이자 기술자였던 스테빈(Simon Stevin)은 풍력으로 움직이는 자동차를 만들어 28명까지 태웠으나 바람이 불어오는 방향으로는 움직일 수 없었기 때문에 완벽한 성공은 아니었다.

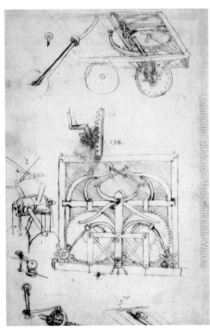

| 레오나르도 다빈치가 설계한 태엽 자동차 스케치

| 레오나르도 다빈치가 스케치한 도면을
　바탕으로 제작한 자동차 모형

ThinkGen

자전거보다는 빠르고 여러 명이 함께 탈 수 있고, 또 사람의 힘만으로 움직이는 일명 '인력 자동차'를 만들 수는 없을까?

| 스테빈이 만든 풍력으로 움직이는 자동차

이후 증기 기관이 사용되면서 1770년 프랑스의 공병 대위인 퀴뇨(Nicolas Joseph Cugnot)가 화포나 대포를 운반할 목적으로 제작한 증기 자동차는 순수한 기계의 힘에 의해 움직인 차로 유명하다. 이 증기 자동차는 앞바퀴가 하나밖에 없는 삼륜 자동차였으며, 무게가 많이 나가고 보일러의 힘이 세지 않아 사람의 걷는 속도(5km/h) 정도로 움직였다.

또한 차에 있는 보일러에 15분마다 물을 보충해야 하는 불편함과 방향 조종이 매우 힘들었기 때문에 큰 인기는 없었다.

퀴뇨의 증기 자동차 3개의 바퀴를 가지고 있으며, 보일러의 증기를 이용하여 2기통 엔진을 움직여서 이동하였다.

교통사고를 낸 퀴뇨의 증기 자동차 증기 엔진이 달려 있는 앞바퀴가 너무 무겁고, 무게 중심이 앞으로 쏠리는 현상 때문에 파리 시내에 있는 어느 귀족의 저택 담벼락을 들이 받는 사고를 냈다. 이 일로 퀴뇨는 세계 최초로 교통사고를 낸 장본인으로 교도소에 수감되기도 했다.

19세기 중반에는 증기 자동차가 아닌 전기 자동차도 만들어졌지만, 축전지가 무겁고 주행 거리가 짧아 주목받지 못했다.

내연 기관 자동차의 등장

🖉 연료를 연소시켜 발생하는 에너지로 기계를 작동시키는 기관

자동차가 본격적으로 발전하기 시작한 것은 내연 기관의 발달과 함께이다. 초기의 내연 기관에는 네덜란드 하위헌스(Christiaan Huygens)가 만든 화약에 의해 작동하는 것과 프랑스 르누아르(J.J. E'tienne Lenoir)가 개발한 석탄 가스로 작동하는 것이 있었다. 하지만 실용성을 갖추어 주목을 받은 것은 1864년 독일의 니콜라스 오토(Nikolaus August Otto)가 만든 4행정 사이클 기관이었다.

독일의 오토내연기관연구소의 다임러(Gottrieb Daimler)는 휘발유로 작동하는 내연 기관을 만들었고, 1885년에는 나무로 된 이륜차에 탑재하여 특허를 받았다. 또 벤츠(Karl Benz)도 2행정 사이클 가솔린 기관을 완성하여 1885년에 삼륜차를 제작한 후, 1886년에 특허를 받았다. 이후 실용적인 가솔린 기관을 완성하여 회사를 설립하고, 자동차를 널리 보급하였기에 다임러와 벤츠를 자동차의 아버지라고 일컫는다.

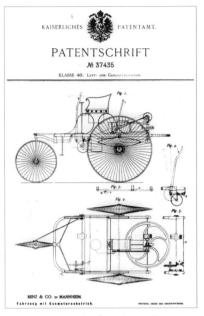

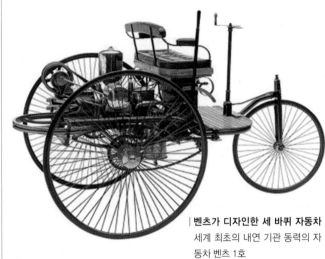

| 벤츠가 디자인한 세 바퀴 자동차
세계 최초의 내연 기관 동력의 자
동차 벤츠 1호

| 세 바퀴 자동차 특허 문서 표지(1886년)

초기의 자동차는 소량 생산되었으며, 값이 비싸 부유층만이 차를 소유할 수 있었다. 1908년 포드(Henry Ford)가 발표한 T형 자동차는 튼튼하고 값이 싼 자동차를 대량으로 생산하는 시발점이 되었다.

이는 *일관 작업 방식에 의해 대량 생산이 가능해지고 자동차의 가격이 저렴해지면서, 자동차가 널리 보급되는 데 많은 공헌을 하였다.

| 포드의 T형 자동차 모델

*
일관 작업 방식 한 공장에서 재료의 가공부터 완성품 제조까지 제조의 전 과정이 이루어지는 작업 방식이다. 특히 대량 생산을 위해 사용하는 방식으로 작업 과정과 시간을 조절하여 진행한다.

디젤 엔진과 가솔린 엔진

최근 들어 가솔린 자동차보다 디젤 자동차를 찾는 사람들이 늘고 있다. 왜냐하면 과거에 비해 매연 발생도 적고 연비 또한 높아 연료비가 적게 들기 때문이다. 가솔린 엔진과 디젤 엔진은 어떤 차이가 있을까?

디젤 엔진과 가솔린 엔진의 비교

구분	디젤 엔진	가솔린 엔진
압축비	16~23대 1	7~11대 1
연소실 형식	복잡	간단
혼합기 생산	공기만 흡인한 뒤 고온, 고압에서 경유 분사	휘발유 + 공기 압축 전 혼합
점화 방식	압축열에 의한 자기 착화	전기 불꽃에 의한 점화
연료 공급	분사 펌프, 분사 노즐	기화기(인젝터)
연료	경유(diesel)	휘발유(gasoline)
작동 중 진동 소음	비교적 크다	작다
열효율	32~38%	25~32%
속도 조절	분사되는 연료의 양	흡입되는 혼합 가스 양
엔진 회전수	1600~4000rpm	2000~6500rpm
압축 온도	500~550℃	120~140℃
폭발 압력	45~70kg/㎠	30~35kg/㎠
압축 압력	30~45kg/㎠	7~11kg/㎠
출력당 중량	5~8kg/마력	3.5~4kg/마력
시동 마력	5마력	1마력

〈자료: 현대자동차 http://www.hyundai.com〉

06 오토바이

쿠바의 영웅 체 게바라라는 사람에 대해 들어본 적이 있는가? 그는 23살 의대생인 청년 시절에 오토바이를 타고 친구와 함께 남미 전역을 여행하면서 깨달은 바가 있어 쿠바의 혁명가로 산 사람이다. 시간을 내어 체 게바라의 오토바이 여행을 다룬 영화 '모터사이클 다이어리'(2004)를 감상해 보면 어떨까?

과거에는 한 사람만 탈 수 있는 교통수단으로는 수레나 말을 이용하는 수밖에 없었다. 하지만 엔진이 발명되자, 사람들은 덩치가 큰 수레를 엔진의 힘으로 움직이게하는 것은 물론 혼자 타는 자전거를 엔진으로 움직이고자 했다.

1800년 이전부터 존재하던 자전거가 1820년경에는 방향 조종이 가능해지면서 사람들의 생활에 자리잡기 시작했다. 이로 인해 가까운 거리는 비싼 말을 타지 않고 이동하거나 힘겹게 땅바닥을 발로 미는 자전거를 타지 않으려는 욕구 때문에 여러 기술자들은 자전거에 엔진을 장착하여 개량하려는 과제에 도전하기 시작했다.

다임러(Gottrieb Daimler)와 마이바흐(Wilheim Maybach)에 의해 안전한 오토바이가 탄생하기 전까지 자전거에 장착한 엔진의 종류는 다양했다. 두 바퀴로 굴러가는 증기 추진 자전거는 1867년경부터 있었으며, 미쇼(Pierre Michaux)는 1868년에 앞바퀴가 상대적으로 큰 자전거 안장 밑에 증기 기관을 탑재하여 엔진이 달린 자전거를 만들기도 했다.

1867년 경, 증기 추진 자전거

1868년 미쇼가 개발한 증기 기관을 탑재한 자전거

1907년의 오토바이

그러나 일반적으로 오토바이의 원조로 인정받는 것은 1885년에 다임러와 마이바흐가 가스로 작동하는 엔진을 탑재하여 만든 라이트바겐이다. 이 오토바이는 12km/h의 속도로, 뒷바퀴 옆에 작은 보조 바퀴를 달아 안전하게 주행할 수 있었다.

오늘날의 오토바이는 가까운 지역을 오가거나 부피가 작은 물건을 운반할 때 많이 사용하는 교통수단으로 발전했다.

| **라이트바겐** 이 오토바이는 다임러가 최초로 발명한 고속 내연 기관을 사용하였다. 동료인 마이바흐가 디자인을 맡아 개발한 것으로 1885년에 특허를 받았다.

아하 그렇구나

오토바이의 살아있는 역사 할리데이비슨

오토바이 생산회사로 유명한 할리데이비슨(Harley Davidson)은 할리와 데이비슨에 의해 자신들의 최초 모터사이클 모델을 발표한 1903년에 설립되었다. 이곳은 오토바이 전문 회사로 꾸준히 성장해 오다가 제2차 세계대전 기간에는 군용 오토바이만을 생산했으며, 1945년 11월부터는 다시 민간용 오토바이를 생산했다. 한 때는 회사의 운영난으로 타회사와 합병하여 소형 오토바이를 생산한 적도 있다. 하지만 1983년에는 할리 데이비슨 모터사이클의 오너들을 대상으로 일종의 동호회인 할리 오너스 그룹(Harley Owners Group, HOG)을 결성하고, 이듬해에는 이들의 친목 도모를 위한 축제를 개최한 것이 독특한 문화 행사로 각인시키는 계기가 되었다. 이후 2000년부터는 일본 혼다와 야마하를 제치고, 세계 1위 모터사이클 제조업체 자리에 올랐다.

| 최초의 할리데이비슨

| 대한민국 경찰 사이드카로 사용 중 인 일렉트라 글라이드 폴리스 모델

| 로드 킹 클래식 모델

07 트럭과 버스

1886년 벤츠의 세 바퀴 자동차가 특허를 받은 뒤에 많은 자동차가 등장하였다. 이 시기에 등장한 자동차나 오토바이는 어떤 용도로 사용했을까?

♂ 가솔린 기관으로 힘을 얻어 달리는 자동차

1880년대에 가솔린 자동차가 등장한 이후에도 여전히 무거운 짐을 운반하는 데는 수레를 이용하였다. 가솔린 자동차를 트럭으로 사용하려는 시도는 있었지만 일반화되지는 못했다. 이후 힘이 센 디젤 기관이 등장하면서 트럭이나 버스에 많이 사용하기 시작했다.

트럭

트럭은 크고 무거운 화물을 실어 나르기 위한 자동차로, 승용 자동차에 비해 조금 늦게 등장하였다. 트럭은 주로 어떤 엔진을 사용할까?

영국의 스튜어트(Herbert Akroyd Stuart)가 1886년에 디젤 기관과 비슷한 형태의 *열구 기관 특허를 받았으나 일반화되지는 못했다. 현재 많이 사용하고 있는 디젤 기관(또는 디젤 엔진)은 루돌프 디젤(Rudolf Diesel)이 발명한 것이다.

루돌프 디젤은 압축 점화 엔진 기술을 수십 년간 연구하였으며, 석탄 가루에서부터 타르 형태의 기름에 이르기까지 다양한 연료를 시험하다가 1892년 자신의 엔진 디자인으로 특허 등록을 했다. 또한 자신이 만든 디젤 기관(압축 점화 엔진)을 1898년 뮌헨 만국박람회와 1900년 파리 만국박람회에 출품하기도 했다.

이 무렵부터 디젤이라는 이름은 등유 형태의 연료 또는 그러한 형태의 엔진을 모두 일컫는 용어로 쓰이고 있다.

| 디젤이 특허 등록을 한 압축 점화 엔진

*———
열구 기관 실린더 헤드에 있는 열구(뜨겁게 달궈진 쇠구슬 모양)에 의해 연료가 점화되는 기관이다.

우리나라 최초의 국산 자동차는 1955년에 국제차량공업이 만든 시발(始發) 자동차이며, 최초의 국산 트럭은 1957년에 국제차량공업이 시발 자동차와 같은 사양으로 만든 트럭이다. 하지만 시발 자동차의 주문량이 폭주하면서 트럭은 두 대밖에 생산하지 못했다.

이후 기아산업은 1962년에 300kg의 짐을 실을 수 있는 360cc의 가솔린 삼륜 트럭(K-360 모델)을 생산하여 큰 인기를 끌었다고 한다. 최초의 국산 디젤 엔진 트럭은 1964년에 대동공업이 생산한 4기통 56마력의 픽업 트럭이다.

| 기아산업(기아자동차의 전신)이 개발한 K-360 트럭

ThinkGen
트럭이나 버스는 큰 힘을 필요로 하기 때문에 주로 디젤 엔진을 사용한다. 왜 가솔린 엔진보다 디젤 엔진의 힘이 더 셀까?

오늘날에는 건설 현장을 누비는 대형 트럭뿐만 아니라 우주선을 이동시키는 특수 트럭에 이르기까지 다양한 종류의 트럭이 생산되고 있다.

| **캐터필러 797F 트럭** 광산, 채석장 및 건설 작업을 위해 특별히 개발된 광산용 트럭

| 목재 운반용 트럭

버스

버스는 일반적으로 정원 11명 이상의 승합자동차를 말한다. 이처럼 여러 사람을 함께 태울 수 있는 버스가 나오기 전에는 어떤 운송 수단을 이용했을까?

버스는 승합 마차(omnibus)에서 나온 말이며, 독일에서는 아직도 이 단어를 사용하고 있다. 미국의 경우 스쿨버스나 소형차를 제외하고는 코치(coach)라고 부르며, 영국에서는 여행용 자동차를 코치, 노선용 자동차를 버스라고 부른다.

여러 사람이 함께 타는 승합자동차가 등장하기 전에는 마차가 주로 사용되었지만, 1895년 벤츠사에서 만든 8인승 버스가 정기 운행되었다는 기록이 있는 것으로 보아, 승합자동차도 이 무렵에 조금씩 사용된 듯하다. 특히 20세기 중반 이후에는 많은 자동차 회사에서 미니버스를 생산하였으며, 오늘날에는 버스가 대표적인 대중교통 수단으로 자리 잡고 있다.

| 1895년 정기 노선 운행에 사용했던 버스

| 1953년 폭스바겐의 미니(마이크로)버스

예전에는 버스도 트럭처럼 엔진이 앞쪽에 있었으나 최근에는 항공기 기술이 도입되면서 모노코크처럼 몸체를 하나의 상자 모양으로 만들고 그 밑이나 뒤쪽에 엔진을 배치하여 제작한다.
🔎 자동차의 차체와 차대를 하나로 만든 구조

길이 평탄하고 도로 포장이 잘된 영국에서는 총 바닥 면적을 넓게 하고, 차에 탈 수 있는 정원을 늘리기 위해 2층 버스를 개발했다. 노선용 버스는 좌석 배치를 간단하게 하고 차량 바닥을 낮춘 것이 일반적이다. 또한 국토 면적이 넓은 미국이나 도로의 길이가 긴 유럽에서는 호화로운 장거리 여행을 위한 버스가 발달했다. 더 나아가 차량 하단에 많은 짐을 싣고, 그 위에 좌석을 배치하여 전망을 좋게 하거나 휴게 시설을 갖춘 버스도 등장하고 있다.

| 영국의 2층 버스

| 2층 버스의 내부

버스는 일반적으로 디젤 엔진을 사용하지만, 상황에 따라 장거리용으로 *가스 터빈을 사용하거나 승차감을 높이기 위해 공기 스프링이 보강되고 자동 변속기를 장착하기도 한다.

아하
그렇구나

우리나라 최초의 시내버스는 어디에서 운행했을까?

우리나라에서 최초로 시내버스가 운행된 곳은 서울이 아닌 대구라고 한다.

일제강점기 당시 대구는 사과의 명산지이자 섬유 산업이 발달하면서 인구가 계속 늘어나고 있었지만, 대구에는 그 당시의 대중교통 수단이었던 전차가 없었다. 이에 대구 호텔의 사장이었던 일본인 사업가(베이무라 다마치로)는 일본에서 4대의 버스를 들여와서 허가를 얻어 1920년 7월 1일부터 대구역을 중심으로 정기 노선을 운영한 것이 최초의 시내버스라고 한다.

한편, 서울은 1928년부터 20인승의 시내버스 10대를 운행하기 시작했으며, 그 당시 서양식 복장을 한 안내양은 최고의 인기 직업이었다. 하지만 사람들은 남녀가 섞여 안내하고 대화하는 모습을 무척 못마땅하게 여겼다고 한다.

---

* 가스 터빈 회전형 내연 기관의 하나로 고온·고압의 연소 가스를 팽창시켜 터빈을 돌림으로써 회전력을 얻는 원동기이다.

❶❽ 경운기와 트랙터

우리나라는 전통적으로 농사를 지을 때 소를 주로 이용했다. 하지만 현대에 이르러 농업 기술이 크고 다양하게 발달하면서 농사를 짓는 데 큰 역할을 담당하게 된 농기계에는 어떤 변화가 생겼을까?

경운기가 우리나라 농기계의 선구자적인 역할을 했다면, 트랙터의 보급은 농기계를 현대적으로 기계화하는 데 큰 공헌을 했다.

경운기

경운기가 우리나라에 처음 등장했을 때는 대부분의 사람들이 쓸모없는 기계 덩어리로 여겼다고 한다. 왜 그렇게 생각했을까?

서양에서 1920년대 들어 정원 관리용으로 사용하던 경운기를 1960년대 우리나라의 농촌에서 사용하게 되면서 빠르게 정착했다. 초창기에는 무거운 짐을 주로 운반하는 데 사용하였지만, 이후 농기계 제작 기술이 발달하면서 경운기에 쟁기·트레일러·로터리·탈곡기·양수기 등의 보조 작업기를 연결하여 다양한 용도로 활용하고 있다. 최근에는 고령화된 농촌에서 사람들의 일손을 대신하는 만능 농기계로 쓰이고 있다.

*⚲ 물을 낮은 곳에서 높은 곳으로 끌어올리는 장치

경운기   트레일러   쟁기   로터리

| 농촌에 널리 보급된 경운기와 다양한 작업기

| 짐을 싣는 트레일러가 연결된 경운기

경운기는 엔진을 사용하기 때문에 동력 경운기라고 하며, 규모가 작고 사람이 탑승하지 않은 상태에서 작업한다는 것을 제외하면 트랙터와 비슷하다.

기계에서 발생하는 열 등을 물로 전달시켜 방출하는 방식

5마력 이내의 소형 경운기는 공랭식 엔진을 사용하지만, 대형 경운기에 설치된 엔진은 수랭식 4행정 디젤 기관을 주로 사용하며 배기량은 대략 600cc 내외이다. 일반적으로는 기계나 기관 등의 열을 공기로 냉각시키는 방식

10마력 정도의 힘을 가진 중대형 경운기를 사용하는데, 두 개의 바퀴가 달려 있어서 운전자가 경운기에 탑승하지 않고 장비를 잡고 걸어가면서 작업을 한다.

최근 농촌에서는 짐을 운반하는 일이 잦아지면서, 짐을 싣는 트레일러를 연결한 경운기를 흔하게 볼 수 있다.

경운기는 구동형과 견인형으로 나눌 수 있는데 근래에는 견인구동 겸용으로 생산된다. 겸용 경운기의 장점은 쟁기 · 로터리 · 트레일러 등을 연결하는 견인 작업과 탈곡기나 양수기 등을 연결하는 구동 작업을 함께 사용할 수 있다는 것이다.

트랙터

트랙터는 경운기와 어떤 차이가 있을까?

트랙터는 여러 가지 작업기를 연결하여 동력을 공급하고, 주행이나 정지 상태에서 작업을 수행할 수 있는 농기계이다. 2개의 바퀴가 달린 소형 트랙터라 할 수 있는 경운기가 사람이 걸어가면서 작업을 한다면, 4개의 바퀴가 달린 트랙터는 자동차처럼 직접 운전하면서 작업하기 때문에 구조나 기능면에서 승용차나 트럭과 유사한 점이 많다. 트랙터 역시 엔진을 탑재하고 있으며, 엔진의 출력이 트랙터의 크기를 규정하는데, 소형은 10마력 정도이며 대형은 500마력까지 있다.

다양한 작업기와 함께 사용할 수 있는 트랙터

19세기 중반에는 증기 기관을 장착한 트랙터가 농업에 사용되기 시작했으며, 1910년대 후반에 들어와서는 내연 기관이 설치된 트랙터를 판매하기 시작하였다.

우리나라에는 1960년대 들어서면서부터 해외 제품들이 수입되기 시작했으며, 1970년대 후반부터는 국내에서도 다양한 기종을 생산하기 시작했다. 주로 농업용으로 사용하는 국산 트랙터는 1,500cc부터 6,000cc 이상의 배기량을 가진 디젤 엔진을 장착한 제품들이며, 필요에 따라 연결하여 사용할 수 있는 작업기의 종류도 많아 트랙터를 만능 농기계로 인식하기도 한다.

또한 트랙터는 경운용, 파종용, 제초용, 수확용, 운반용 등과 같이 일반적인 용도 이외에 과수원용, 경사지용, 임업용, 축산용, 하우스용 등 특별한 용도에 알맞게 만들어진 제품도 있다.

트랙터는 어떤 능력을 가지고 있을까?

트랙터는 다음과 같은 기능을 갖추고 있으며 그 능력을 인정받아 널리 쓰이고 있다.

- **견인 주행 능력**: 쟁기나 트레일러 등의 작업기를 장착하여 견인하고 주행하며 작업하는 기능이 있다.
- **회전력 제공 능력**: 로터리 경운기, 풀 베는 기계 등을 장착하고 지속적으로 회전력을 제공하는 기능이 있다.
- **부양 능력**: 3점 연결 장치에 작업기를 연결시키고, 유압 장치에 의해 작업기를 땅에서 끌어올릴 수 있는 기능이 있다.

| 다양한 작업기가 결합된 다용도 트랙터

09 중장비

텔레비전에서 방영하던 어린이 애니메이션 프로그램 '꼬마버스 타요'에는 빌리와 포코라는 중장비 캐릭터가 등장한다. 빌리와 포코는 어떤 종류의 자동차일까? 어린 조카나 동생과 함께 시청해 보면 어떨까?

건설 현장에서 무거운 짐을 운반하거나 힘든 일을 도와주는 중장비의 역할은 매우 중요하다. 공사장이나 공장에 꼭 있어야 할 굴착기, 크레인, 롤러, 지게차 등의 중장비는 그 종류가 매우 다양하다.

역사적으로 거슬러 올라가서 살펴보면, 우리가 중장비라고 부르게 된 시기는 증기 기관의 등장에서 비롯되었다. 1839년에 오티스(William Smith Otis)가 발명한 증기 삽은 수에즈 운하나 파나마 운하 공사에 사용되었다고 하지만, 그 당시에는 일반적으로 도랑을 메우는 데는 노새와 같은 동물의 힘을 이용했다.

| 1900년대 초반의 증기 삽

굴착기

굴착기는 굴삭기, 불도저, 그레이더, 착암기 등을 통틀어 부르는 명칭으로 최초의 불도저는 1920년대에 미국에서 제작되었다. 1923년 미국의 농부 커밍스(James D. Cummings)는 노새를 사용하여 석유 파이프라인 도랑을 메우는 것을 보고, 기계를 이용하면 더욱 효율적으로 이 작업을 수행할 수 있겠다고 생각했다. 이에 커밍스와 맥리오드(John E. McLeod)는 설계도를 그린 후, 여러 가지 고물 부품을 이용해서 최초의 불도저를 제작하여 파이프라인의 도랑을 메우는 공사 계약을 따냈다고 한다.

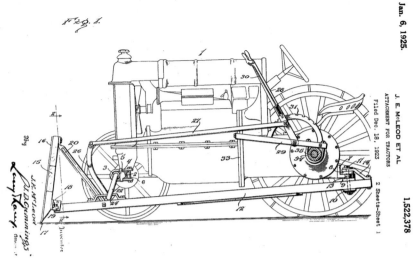

| 1925년 커밍스와 맥리오드가 설계한 세계 최초의 불도저 특허 도면

불도저는 원래 모아 놓은 흙을 다른 곳으로 밀어내기 위해 만든 중장비이다. 이 장비는 넓은 무한궤도 바퀴에 바위, 모래, 흙 등을 밀거나 운반하는 무거운 금속판으로 이루어져 있는데, 채석장, 광산, 건설 현장 등에서는 꼭 필요한 장비 중 하나이다.

불도저는 1944년 노르망디 상륙 작전에
서도 매우 요긴하게 쓰였다. 이를테
면 중무장한 불도저가 해변과 도
로에 폭탄으로 생긴 구덩이를
메우고 정리했으며, 심지어
는 몇몇 탱크에도 무거운
철판을 추가하여 불도저로
변환하여 쓰기도 했다.

| **최근에 생산된 다용도 불도저** 오늘날 군용 무장 불도저는 토목 공사, 장애물 제거, 지뢰
제거, 건축물 철거 등을 할때 중추적인 역할을 하고 있다

굴착기는 토목, 건축, 건설 현장에서 땅을 파는 굴삭 작업, 토사를 운반하는 적재 작업, 건물을 해체하는 파쇄 작업, 지면을 정리하는 정지 작업 등의 일을 행하는 건설 기계로서, 무한궤도나 타이어 바퀴로 이동하는 중장비이다. 아울러 무한궤도식 굴착기는 안

| 수백 톤의 작업량을 자랑하는 초대형 굴착기

정적인 작업을 할 수 있어서 100톤 이상의 초대형 장비로도 제작되고 있다.

굴착기는 땅이나 암석에 구멍을 뚫는 기계를 일반적으로 부르는 명칭이고, 굴삭기는 땅을 파거나 깎아내는 기계를 의미하지만, 통상적으로 모두 굴착기로 칭한다. 우리나라에서는 처음 도입해서 사용했던 프랑스 제조업체의 상표에서 온 포클레인이라는 이름이 일반 명사화되어 지금까지 널리 쓰이고 있다.

정확하게는 굴삭기로 불려야 하지만, 굴착기로 불리는 가장 큰 이유는 굴삭 작업뿐 아니라 다양한 부품을 교환하여 굴착 작업도 가능하기 때문이다. 이를 테면 일반 굴삭 및 토사 운반을 위한 버킷(bucket), 단단한 지면·암석 등의 파쇄를 위한 브레이커(breaker), 건물의 해체 및 파쇄에 사용하는 크라샤(crusher) 등이 작업에 주로 사용되는 장치들이다.

ThinkGen

불도저, 굴착기, 크레인, 롤러 등이 쓸모 있게 결합된 중장비를 구상해 보자. 어떤 장비들을 서로 묶으면 더 쓸모 있는 다목적 중장비가 될까?

크레인

　기중기라고도 하는 크레인은 기계 장치 중에서도 가장 먼저 고안된 장치이다. 고대 이

집트에서 피라미드를 만들 때부터 인력이나 축력을 이용한 크레인이 사용되었으며, 우리
↳가축의 힘

나라에서는 수원 화성을
↳성을 쌓음

축성할 때 정약용이 설

계하여 사용했던 거중기

가 유명하다.

　증기 기관이 발달하면

서 19세기 중엽부터 증

기력을 이용한 크레인이

나타났고, 19세기 말에

는 전기를 사용한 크레

인이 등장하였다.

| 이동식 크레인

지게차

　지게차(forklift)는 앞쪽에 2개의 포크가 맞물린 수직 버팀대가 설치된 크레인이다. 이 장

비는 자동차 형태로 되어 있으며, 크고 작은 공장에서 화물을 적재하거나 하역할 때와 같이

폭넓게 쓰이고 있다. 지게차의 앞바퀴는 화물의 무게를 버텨야 하므로 뒷바퀴를 좌우로 돌

려 방향을 조절한다.

　소형 지게차는 가솔린 엔진을 사용하기도 하지만, 중대형의 지게차에는 디젤 엔진을 사

용하고 있으며, 특히 대형은 파워 스티어링(power steering)을 갖춘 경우도 있다.
↳지게차 핸들을 돌릴 때 소모되는 힘을 줄여주는 장치

| 다양한 지게차

10 특수 자동차

우리가 이용하는 자동차에는 적은 인원이 타는 승용차, 한꺼번에 많은 사람이 타는 승합차, 짐을 운반하는 화물차, 규모가 작은 이륜차 등 다양하다. 하지만, 오늘날 여러 분야에서 기술이 발달하고 도시가 복잡해지면서 보다 더 특수한 목적에 알맞은 차들이 필요한 시대이다. 어떤 차들이 필요할까?

우리나라의 도로교통법이나 자동차관리법에서는 법률의 목적에 맞게 대형 또는 소형, 특수 자동차의 뜻을 각각 정하고 있다. 이를테면 *캐터필러(무한궤도)를 가진 자동차, 건설용 장비를 갖춘 자동차, 특수 작업용 자동차, 견인을 위한 자동차 등을 구체적으로 지정하고 있다.

| 크레인과 작업대가 장착된 트레일러

| 다용도 특수 소방차

앰뷸런스와 소방차

우리가 앰뷸런스(ambulance)라고 부르는 구급차는 18세기 나폴레옹 전쟁 때에 프랑스 군의관이 마차로 부상병을 이송한 것에서부터 시작했다. 이후 다른 여러 나라의 군대에서도 활용했으며, 19세기 후반에는 구급용 마차를 일상생활에서도 이용하기 시작했다.

소방차 역시 한 번에 짠하고 등장한 것은 아니다. 소방 마차가 소방 자동차가 되기까지 다양한 형태가 있었다. 서양에서는 10마력의 압력으로 30m 높이까지 물을 쏘는 마차식 증기 엔진 소방 펌프가 1829년 영국 런던에서 제작되었으며, 이후 1862년에는 증기 자동차식 소

---

*

캐터필러(caterpillar) 여러 개의 금속판을 고리로 연결하여 바퀴에 걸어 놓은 것으로, 탱크나 불도저 같은 곳에 사용한다. 무한궤도라고도 한다.

방차를 제작했다. 하지만 효율성이 떨어져 한동안 말이 끄는 소방 펌프를 사용하기도 했다. 이후 1908년 가솔린 기관이 장착된 소방 펌프가 등장하면서 널리 쓰이기 시작했다.

Think Gen

특수 자동차를 운전하려면 어떤 운전 면허를 취득해야 할까? 면허증 하나로 모든 특수 자동차를 운전할 수 있을까?

| 1900년대 초반의 가솔린 기관 소방차

물탱크를 장착한 소방 펌프 차는 추울 때도 시동을 쉽게 걸 수 있게 보온 장치가 되어 있고, 2시간 이상 주행이 가능하다. 또한 물이 다 떨어지기 전에 다른 펌프로 물을 공급받을 수 있는 1,500~3,000ℓ 정도의 물탱크가 있으며, 비행장용의 경우에는 4,000ℓ를 넘는 것도 있다. 아울러 긴급할 때는 호스를 연결하지 않고 바로 물을 쏘아 불을 끌 수 있는 장치도 있다.

아하 그렇구나

조선시대의 소방시설은 어떤 모습이었을까?

1426년 세종이 크게 우려할 정도로 한성에 화재가 많았다. 불을 신속히 끄려 애를 썼지만, 민가 200채 이상이 화재로 소실되기도 했다. 이에 세종은 종합적인 화재 방지 대책의 하나로 조선 최초의 소방관청인 금화도감을 설치했다.

1793년 경종 2년에는 중국의 소방 장비를 본떠 만든 최초의 소방 장비를 구비했다. 지금에야 보잘 것 없어 보이지만, 대나무로 제작한 피스톤식 펌프는 수총기라고 불렸다.

| 완용 소방 펌프

1891년 고종 28년에는 일본에서 수룡이라는 장비가 도입되었고, 궁궐에서는 양쪽에서 사람의 힘으로 펌프질하는 완용 소방 펌프를 도입하여 사용했다.

조선시대에는 의금부 등에 속한 화재 감시인이 종루에 올라가 살펴보다가 불이 나면 종을 쳐서 화재를 알렸다. 사람이 직접 화재를 감시하고 종을 치거나 사이렌을 울리는 등의 소방 시스템은 해방 전후까지 큰 변화가 없었다.

트럭믹서와 탱크로리

특수 자동차 중에서 콘크리트 제조 시설을 갖춘 공장에서 미리 만든 생콘크리트(Remicon)를 운반하는 트럭믹서(truck mixer)도 빼놓을 수 없다. 우리가 흔하게 레미콘 차량으로 알고 있는 레미콘은 미리 만들어진 굳지 않은 콘크리트를 뜻하고, 그것을 둥근 회전 통에 담아 운반하는 화물차를 트럭믹서라고 한다.

특별한 상태의 화물을 운반하는 자동차에는 여러 가지가 있는데, 트럭믹서 외에도 액체 상태의 화물을 바로 운반할 수 있는 탱크로리(tank lorry)가 있다. 탱크로리는 대개 석유 제품이나 화학 약품을 운반하는 경우가 대부분이며, 소형의 경우에는 화물차의 뒤쪽 칸에 탱크를 고정해 놓기도 한다. 그리고 대형으로 제작될 경우에는 대형 탱크로리를 트레일러에 장착하여 운반하기도 한다.

| 트럭믹서

| 액체 화물을 운반하는 탱크로리(탱크 트럭)

11 기차

TV에서 방영했던 '꼬마 기관차 토마스와 친구들'은 영국에서 제작된 애니메이션으로 어린이들에게 큰 인기를 끈 프로그램이다. 이 영화에 등장했던 각종 기관차를 인터넷에서 검색해 보면 어떨까?

18세기 후반의 유럽은 산업 발전을 위한 제반 시설의 필요에 대한 생각과 사회적 분위기가 제대로 뒷받침되고 있었다. 마차 바퀴에는 금속 테두리가 장착되고, 도시 곳곳에는 마차 전용 도로와 철로가 깔리기 시작했다.

철도 위를 달리는 최초의 증기 기관차는 영국의 발명가인 트레비식(Richard Trevithick)에 의해 개발되었는데, 저압 증기를 사용하는 와트나 뉴커먼의 증기 기관보다 고압 증기로 작동하는 증기 기관을 개발하여 증기 기관차를 제작하는 데 성공했다.

트레비식은 1801년과 1803년에 시범용으로 증기 기관차를 선보였으나 1804년이 되어서야 페니대런(penydarren)이라는 증기 기관차에 화물차 5량을 연결하고 승객 70여 명과 철 10톤을 싣고 16km 길이의 나무로 만든 철로를 달리는 데 성공했다.

| 트레비식의 증기 기관차 '페니대런'(1804)

그는 발명에는 뛰어났지만, 회사 운영에는 재주가 없었는지 말년에는 묘비석을 세울 돈조차 없었다고 한다.

| '철도의 아버지'라 불린 스티븐슨을 기린 우표

ThinkGen
석탄이 석유에 비해 매장량이 풍부하다고 한다. 그렇다면 수송 능력이 좋고 친환경이면서 석탄을 연료로 사용하는 친환경 기차를 구상해 보면 어떨까?

1825년에는 영국의 스티븐슨(George Stephenson)이 450여 명을 태운 21개의 마차를 끌고 1시간 정도 달리는 데 성공하면서 본격적인 기관차의 시대를 열었다. 이후 증기 기관차는 1900년대 초반에 등장했던 디젤 기관차에 주도권을 넘기게 된다.

근래의 기차는 디젤 전기 기관차(디젤 엔진으로 전기를 생산하여 기차를 움직이게 하는 기관차), 전기 기차

(전기의 힘으로 기차를 움직이는 전동차) 등이 대부분이다. 최근에는 시속 200~300km가 넘는 초고속 열차도 등장했으며, 자기 부상 열차도 운행하고 있다.

미국의 댄비(Gordon Danby)와 파웰(James Powell)은 초전도체를 자석으로 사용하여 열차가 지면으로부터 부상_{뜬상}하도록 하는 자기 부상 열차가 개념을 확립하여 1968년에 특허를 취득하였다. 이렇게 기차가 철로 위에 뜨게 되면 기차와 철로의 마찰은 없어지고, 공기 저항만 받게 되므로 빠른 속력을 낼 수 있다.

자기 부상 열차는 자기장을 변경하여 빠르게 달릴 수 있으며, 보통 기차보다 지형이 복잡해도 주행할 수 있

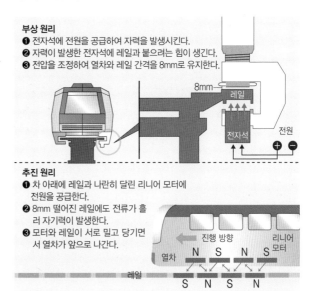

| 자기 부상 열차의 부상과 추진 원리   〈출처: 조선일보〉

다. 하지만, 기존 철로를 사용할 수 없기 때문에 새로 설치하는 유도로(자기 현상을 유도하는 철로)는 많은 비용이 드는 단점이 있다.

우리나라는 1899년 경인선을 개통하며 증기 기관차가 처음으로 등장하였다. 이후 대부분의 증기 기관차를 미국에서 수입하여 사용했으며, 1927년에는 국내 처음으로 경성의 서울공작창(현, 서울 철도 차량 정비창)에서 증기 기관차 2량을 제작했다. 이후 광복 전까지 증기 기관차를 소량으로 생산했다.

디젤 기관차는 1950년 6·25전쟁 당시 미군이 전쟁 물자를 운반하기 위해 처음 우리나라에 들여왔으며, 이를 인수받아 운행하기 시작했다. 전쟁 이후에는 증기 기관차와 디젤 기관차가 함께 운행되었으며, 1967년부터는 증기 기관차 대신에 디젤 기관차를 사용했다.

우리나라 기차의 변천사는?

증기 기관차(1899년) → 직류식 전기 기관차(1924년) → 디젤 전기 기관차(1954년) → 디젤 동차(1961년) → 전기 기관차(1972년) → 전철과 지하철(1974년) →전후 동력형 새마을호 (1987년) → 도시 통근형 동차(1996년) → 고속철도 KTX(2004년) → 간선형 전기 동차 누리로 (2009년) → 한국형 고속철도 KTX-산천(2010년) → 자기 부상 열차(2013년) → SRT(2016년)

처음으로 기차가 운행되던 날

1825년 영국의 증기 기관차가 운행된 후, 74년만인 1899년 9월 18일에 우리나라 최초의 철도인 경인선이 개통되고 증기 기관차가 운행을 시작하였다. 물론 이 증기 기관차는 미국에서 수입하여 조립한 것이다. 경인선에 기관차가 운행되는 첫날 〈독립신문〉에는 다음과 같은 기사가 실렸다.

경인철도회사에서 어제 개업 예식을 거행했는데, 인천에서 화륜거가 떠나 삼개 건너 영등포로 와서 경성의 내외국인 빈객들을 수레에 영접하여 앉히고 오전 9시에 영등포를 떠나 인천으로 향했다. 이때 화륜거 구르는 소리는 우레와 같아 천지가 진동하고 기관거의 굴뚝 연기는 반공에 솟아오르더라.

> 오늘날의 기차를 칭함
> 손님

수레를 각기 방 한 칸씩 만든 후 여러 수레를 철구로 연결하여 수미상접하게 이었는데, 수레 속은 상중하 3등으로 수장하여 그 안에 배포한 것과 그 밖에 치장한 것은 이루 다 형언할 수 없더라.

> 양쪽 끝이 이어짐

수레 속에 앉아 영창으로 내다보니 산천초목이 모두 활동하여 닿는 것 같고, 나는 새도 미처 따르지 못하더라. 대한 이수로 80리 되는 인천을 순식간에 당도하였는데, 그곳 정거장에 배포한 범절은 형형색색 황홀 찬란하여 진실로 대한 사람의 눈을 놀라게 하더라.

> 채광창

(중간 생략)

예식을 다 행하고 오후 1시에 서울 빈객들과 인천 빈객들이 다시 화륜거에 올라 2시 반에 영등포에 당도하여 서울 빈객들은 서울로 들어오고, 인천 빈객들은 다시 타고 4시 반에 인천에 당도하였더라.

12 F1 머신

자동차 경주대회 중 가장 역사가 긴 F1(포뮬러 원)은 현재 19개국에 있는 원형 경주 코스를 순회하면서 경주를 한다. 그렇다면 우리나라에서 매년 자동차 경주가 개최되는 지역은 어디일까?

자동차 회사는 자기 회사의 기술력을 뽐내고 입증하기 위해 자동차 경주대회를 개최하거나 참가한다. 세계적으로 유명한 자동차 경주대회로는 포뮬러 원, 나스카 레이싱, 르망 레이스, 인디500 레이스 등이 있다.

이중에서 포뮬러 원(Formula One)은 국제자동차연맹(FIA)이 인정하는 세계 최고의 자동차 경주대회이다. 공식 명칭은 'FIA 포뮬러 원 월드 챔피언십(Formula One World Championship)'이고, 약어로 'F1'이라고 하며 그랑프리 레이싱이라도고 한다.

| **F1 전용 경기장** F1 경기용 자동차에는 한 사람만이 탑승하며, 차 바퀴 네 개는 차체 밖으로 노출되어 있는데 자동차라기보다는 머신(machine)으로 취급된다. 경기용 자동차는 일반 도로에서 달릴 수 없으며, 전용 트랙이나 *서킷(circuit)에서만 주행할 수 있도록 제한하고 있다.

ThinkGen
F1 차량에 사용되는 타이어는 100km 정도 운행한 뒤에 교체하고 다시 경기에 임한다. 이때 네 개의 바퀴를 교체하는 데 걸리는 시간은 얼마나 될까?

F1은 1920~1930년대에 열린 유럽 그랑프리 자동차 경주대회(European Grand Prix Motor Racing)를 모체로 한 대회로 1950년 영국 실버스톤 서킷(Silverstone Circuit)에서 월드 챔피언십이 개최된 것이 공식적인 첫 대회이다.

이 대회의 경기 규칙으로는 너비 180㎝ 이하로 제한된 같은 색의 자동차 2대가 출전하는데, 엔진은 2,400cc까지만 허용했다. 2014년부터는 1,600cc의 터보 엔진으로 변경되었으며 차량은 690kg을 넘을 수 없다.

---

*
서킷(circuit) 자동차나 오토바이 따위의 경주용 원형 도로를 의미한다.

F1 머신의 중요한 기능은 무엇일까?

F1 머신은 일반 자동차 판매 매장에서는 팔지 않는 제품(비매품)이지만, 대당 가격은 대략 100억 원이 넘는다. 또한 알루미늄이나 타이타늄처럼 열에 강하고 단단한 첨단 소재로 만든 95kg의 엔진은 운전석 뒤에 배치한다. 보통 코너가 많은 경주 트랙에서의 최고 속도는 360km/h이지만, 직선 위주의 도로에서는 400km/h를 넘는다.

| F1 머신의 운전석

이 자동차는 게임기 같이 생긴 스티어링(운전대 또는 핸들) 휠에서 기어를 변속하며, 200분의 1초 만에 기어를 바꿀 수 있도록 설계되어 있다. 그리고 700~800℃의 고온에서 제 성능이 발휘되는 브레이크 디스크는 탄소 섬유로 만들어지며, 시속 160km로 달리다가 완전히 멈추는 데 걸리는 시간은 대략 5~6초 정도이면 충분하다.

나라별 F1 자동차 경주용 도로

| 브라질

| 산마리노

이 자동차의 몸통은 벌집 모양의 알루미늄 구조물 위에 탄소 섬유를 씌우는 방식으로 만들어진다. 이로 인해 일반 자동차로 시속 200km 이상 달리다가 충돌하면 사망할 수 있지만, F1 머신은 경기 중에 사고가 나더라도 운전자가 가벼운 부상으로 그치는 이유는 바로 벌집 구조의 알루미늄 차체 때문이다.

자동차 타이어의 무게는 휠을 포함하여 10kg 정도이며, 노면과의 접지력을 높이는 데 초점을 맞추었기 때문에 100km 정도의 거리를 주행하면 바로 새 것으로 교체된다.

F1 경주용 차량에 적용되는 대표적인 기술은 DRS(Drag Reduction System)와 KERS(Kinetic Energy Recovery System)가 있다. DRS는 직진 구간에 들어섰을 때 차량 뒷날개를 지면과 평행하게 조절하여 공기 저항을 줄여주는 기술이다. 그리고 KERS는 키네틱 부스트(Kinetic Boost)라고도 하는데, 브레이크를 잡으면 감소하는 운동 에너지를 저장했다가 가속할 때 보조 동력원으로 사용하는 기술을 뜻한다.

| 프랑스

| 모나코

13 엘리베이터와 에스컬레이터

사람이나 물건을 위아래, 또는 옆으로 이동시키기 위해 만든 장치를 승강기라고 한다. 우리가 일상생활에서 쉽게 접할 수 있는 승강기의 유형에는 어떤 것이 있을까?

승강기에는 수직으로 이동시켜 주는 엘리베이터(elevator)와 수평 또는 계단처럼 경사면을 따라 이동시켜 주는 에스컬레이터(escalator)가 있다. 그런데 우리의 생활에 먼저 사용되기 시작한 것은 엘리베이터이다.

엘리베이터

도드래

| 초기의 엘리베이터

고대 그리스 때부터 도르래를 이용하여 물건을 들어 올린 것을 보면 그 당시에도 엘리베이터의 원리는 잘 알려진 듯하며, 비록 일부지만 꾸준히 사용했던 것으로 추측된다. 프랑스의 전쟁 영웅이자, 독재자였던 나폴레옹조차도 도르래와 밧줄을 이용하여 여왕이 층과 층 사이를 오갈 수 있도록 했다고 한다. 하지만 근대에 이르도록 승강기는 추락 위험 때문에 사람들이 사용하기를 꺼려했던 듯하다.

1852년 침대 틀을 제작하는 회사에서 감독기술자로 일하던 오티스(Elisha Graves Otis)는 엘리베이터의 밧줄이 끊어져도 추락하지 않는 자동 안전장치가 설치된 엘리베이터를 발명했다.

1854년 미국 뉴욕세계박람회장인 수정궁에 엘리베이터를 설치하였으며, 오티스가 직접 탑승하여 케이블을 끊어 보임으로써 엘리베이터는 절대 추락하지 않음을 기술로 입증하기도 했다.

이 일이 알려지면서 오티스의 엘리베이터는 가장 안전한 엘리베이터로 인정을 받았지만, 1861년 오티스가 사망한 후에야 세계적으로 널리 사용되기 시작했다.

| 엘리베이터의 안전 시범을 보이는 오티스

엘리베이터의 구조 이 시설의 기본 요소로는 승객이 타는 네모난 공간과 이것을 올리고 내리는 로프, 건물에 고정하는 고정 도르래, 그리고 평형추가 있다. 로프는 여러 겹의 강철을 꼬아서 만들어 최대 정원의 10배 이상을 견딜 수 있을 만큼 튼튼하다. 또 최대 정원 40~45% 정도의 무게에 해당하는 평형추가 달려 있어서 최대 정원 무게의 절반 정도를 움직일 수 있는 동력만 있으면 운행이 가능하다.

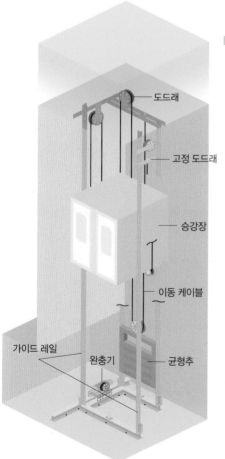

도드래

고정 도드래

승강장

이동 케이블

가이드 레일

완충기

균형추

| 현대의 엘리베이터

아하
그렇구나

외부에 설치된 엘리베이터 중 세계 최고의 높이는 어디에 있을까?

중국 후난성의 장가계는 영화 〈아바타〉의 촬영지로도 유명하지만, 세계 최고 높이의 외부
엘리베이터가 운행되는 것으로도 유명하다.

1999년에 공사를 시작하여 2001년에 완공한 335m 높이의 백룡 엘리베이터가 설치될 당
시만 해도 세계 여러 나라로부터 자연 경관을 훼손한다는 이유로 많은 비난을 받았다. 하지
만 현재는 많은 관광객이 이용하는 수송 수단으로 유명하다.

| 장가계 백룡 엘리베이터

에스컬레이터

 에스컬레이터는 미국의 리노(Jesse W. Reno)가 경사진 엘리베이터의 개념을 생각하면서 만들어졌다. 리노는 1891년 자신의 아이디어인 이동식 계단으로 특허를 받기도 했다. 이전에도 모형으로 만들어진 이동식 계단은 있었지만, 실제 사용된 것은 1897년 뉴욕의 놀이공원에 설치한 리노의 이동식 계단이 최초라고 할 수 있다.

 1897년 찰스 시버거(Charles Seeberger)도 이동식 계단을 설계하였는데, 그는 계단을 의미하는 라틴어 '스칼라(scala)'와 '엘리베이터'를 조합하여 에스컬레이터라는 용어를 탄생시켰다. 추후 오티스 엘리베이터사는 리노와 시버거의 디자인을 모두 사들여 엘리베이터는 물론 에스컬레이터를 선도하는 기업으로 발전했다.

Think Gen

에스컬레이터는 계단 모양이 움직이면서 교차하기 때문에 가끔씩 끼임 사고가 발생한다. 에스컬레이터는 꼭 계단 모양으로만 만들어야 할까? 끼임 사고가 일어나지 않도록 안전한 에스컬레이터는 없을까?

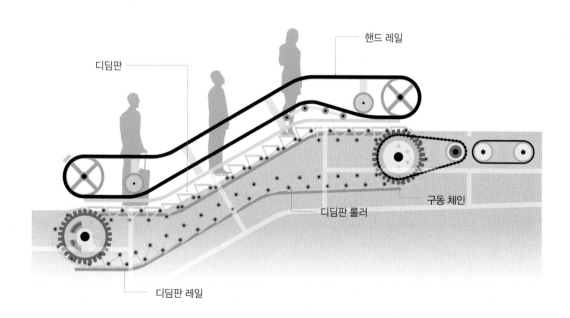

| 에스컬레이터의 구조 이 시설의 원리는 고리 모양의 움직이는 계단이 레일을 따라 연속적으로 움직이게 하는 것이다. 우리가 이용하는 계단의 아래쪽에는 다른 계단이 계속해서 되돌아오고 있다. 눈에 보이는 계단과 아래쪽에 감추어진 계단의 무게는 서로 균형을 이루므로, 에스컬레이터를 작동하는 모터는 에스컬레이터에 탑승한 사람들의 무게만 움직이도록 하면 된다.

14 컨베이어

체코의 애니메이션 '패트와 매트'(1976년)는 뚝딱거리며 문제를 해결하려는 도전을 재미있게 구성한 영상물이다. 특히 물건을 반복적으로 운반하는 장면에서는 컨베이어가 자주 등장하는 것을 볼 수 있다. 혹시 이 작품을 만든 작가가 뚝딱거리는 취미를 가지고 있던 것은 아니었을까?

컨베이어(conveyor)는 물건을 수평이나 경사면을 따라 손쉽게 운반할 수 있도록 도와주는 장치로 최근에는 재질과 형태에 따라 다양한 컨베이어를 개발하여 널리 쓰이고 있다.

컨베이어는 원래 단순한 기계들을 반복적으로 회전하며 짐을 운반할 수 있도록 만든 것으로, 기원전 그리스의 아르키메데스(Archimedes)가 물을 끌어올리기 위해 고안한 스크루 펌프를 초기 컨베이어로 볼 수 있다.

15세기 이후에는 광산업에서 광물을 운반하는 중요한 기술 혁신 제품으로 체인 컨베이어가 등장했다. 그리고 1700년대의 컨베이어는 평평한 나무 위에 가죽이나 벨트를 설치하여 곡물자루 등을 운반하는 벨트 컨베이어 형태였다. 이후 벨트의 소재는 고무로 바뀌었고, 기계적으로는 좀 더 안정된 상태로 발전하고 있다.

포드(Henry Ford)는 1913년 자신의 자동차 공장의 생산 라인에 처음으로 컨베이어 벨트 시스템을 도입했다. 그의 공장은 다른 공장의 제조 방법에 컨베이어 방식을 결합하고, 부품의 호환성을 적용함으로써 자동차 산업에 대량 생산의 시대를 열었다.

| 아르키메데스(Archimedes)의 스크루 펌프

| 포드 자동차의 생산 라인에 설치된 컨베이어

오늘날에도 컨베이어는 광산·공장·대형마트 등에서 많이 사용하고 있으며, 세계적으로 가장 긴 컨베이어(2014년 현재)는 모로코의 인산 광산에 설치된 98km 길이의 벨트이다.

ThinkGen
대형마트 계산대의 컨베이어는 물건이 계산대 앞까지 도착하면 자동으로 멈춘다. 계산대 컨베이어 벨트의 작동에는 어떤 원리가 숨어 있을까?

아하 그렇구나

컨베이어의 종류를 알아볼까?
컨베이어는 재질과 형태에 따라 종류가 다양하다.

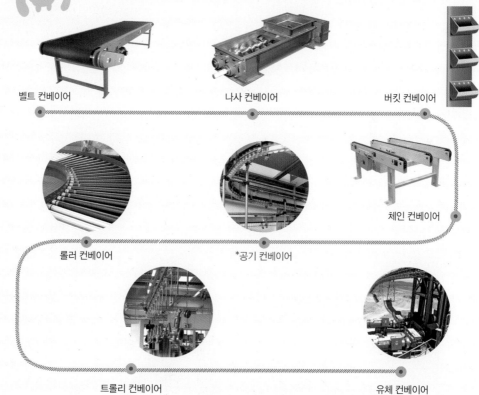

벨트 컨베이어

나사 컨베이어

버킷 컨베이어

롤러 컨베이어

*공기 컨베이어

체인 컨베이어

트롤리 컨베이어

유체 컨베이어

---
*
공기 컨베이어 일정한 관 속을 흐르는 공기의 힘을 이용하여 곡식의 낟알이나 모래 시멘트 등을 운반할 수 있는 시설이다.

15 파이프라인

고대로 거슬러 올라가보면 중국에서는 물을 운반하기 위해 속이 빈 대나무를 이용하여 멀리까지 관로를 설치하였다. 고대 로마에서도 도시에 강물을 끌어오기 위해 관로를 설치한 기록을 찾아볼 수 있다. 이러한 기술들이 발전하여 현재의 파이프라인으로 진화하지 않았을까?

파이프라인(pipeline)은 석유나 천연가스 등과 같은 액체를 운반할 목적으로 설치한 관로를 말한다. 송유관이라고도 하지만, 보통은 파이프라인과 송유관을 구분하여 사용한다. 가스나 물 등을 운반하는 것은 파이프라인이라고 하며, 석유 제품인 유류를 수송하는 것은 송유관이라고 부른다.

현대의 파이프라인은 미국의 펜실베이니아에서 시켈(Samuel van Syckle)이 1868년경에 나무로 된 관을 10km 정도 설치한 데서 시작했다. 먼 거리를 파이프라인으로 설치하여 빠르게 원유를 수송할 수 있도록 한 것이 획기적인 방법으로 평가되고 있다. 오늘날에는 큰 크기의 강관을 제작할 수 있게 되면서 파이프라인 설치와 관련된 작업이 과거에 비해 쉬운 편이다.

현재는 미국이 80만km 정도의 가장 긴 파이프라인을 보유하고 있으며, 천연가스 강국인 러시아도 약 25만km 정도의 파이프라인을 보유하고 있다. 아울러 우리나라는 천연가스와 석유제품을 합하여 약 2,300km 이상의 파이프라인을 보유하고 있다.

ThinkGen
요즘에는 송유관 중간에 몰래 구멍을 뚫어 기름을 도둑질하는 사건이 자주 발생하곤 한다. 이런 절도 행위를 막기 위해 송유관에 취할 수 있는 기술적인 방법에는 어떤 것이 있을까?

| 유체 수송에 많이 사용되는 파이프라인

가장 긴 파이프라인

드루즈바(Druzhba) 송유관은 세계에서 가장 긴 송유관이다. 러시아에서 우크라이나, 벨라루스, 폴란드, 헝가리, 슬로바키아, 체코, 독일까지의 길이가 대략 4,000km 거리에 이른다. 이 관은 1950년부터 건설하기 시작했으며, 파이프라인의 지름은 42cm부터 1m에 이르기까지 지역에 따라 다르다. 근래에는 가끔씩 국가 간의 분쟁이 생길 때마다 송유관을 차단하는 등의 잡음이 발생하고 있다.

| 드루즈바 파이프라인 노선

두 번째로 긴 송유관은 동시베리아-태평양(ESPO, Eastern Siberia-Pacific Ocean oil pipeline)을 잇는 송유관으로, 줄여서 간단하게 동시베리아 송유관이라고 한다. 이 송유관의 총 길이는 4,739km에 이르는 러시아 원유 수송 파이프라인으로 7년간의 공사 끝에 2012년에 완공했다. 그리고 이 관은 시베리아 타이셰트에서 극동 지역의 코즈미노 항구까지를 연결하는 송유관이다.

우리나라의 GS칼텍스는 2010년 1월에 ESPO 75만 배럴의 원유를 수입했는데, 이는 우리나라 최초의 러시아산 원유 수입에 해당된다.

| 동시베리아·태평양 원유 파이프라인 노선

꽉 막힌 고속도로의 이용 요금은 어떻게 해결해야 할까?

우리나라는 국가 재정만으로는 부족한 도로 건설비용을 마련하기 위해 유료 도로법을 적용하여 도로 이용자가 통행 요금을 부담하는 유료 도로 제도를 시행하고 있다. 아울러 우리나라는 비교적 짧은 기간 동안 4,000㎞가 넘는 고속도로를 보유하며 운영하고 있다.

독일은 고속도로를 최초로 건설한 나라인데, 고속도로를 100년간 무료로 운영해오다가 부분적으로 유료 도로로 전환하여 통행 요금을 받고 있다. 이처럼 선진국이나 중국 같은 사회주의 국가에서도 유료 도로 제도를 운영한다.

사람들은 시외로 이동할 때 무료인 일반 도로(국도)나 유료인 고속도로를 이용할 수 있다. 이 경우 고속도로 요금 체계는 나라별로 다양하다. 예를 들어 캐나다는 대부분의 고속도로가 무료이고, 독일은 승용차만 무료이며, 일본은 대형차에 비싼 통행료를 물리고 있다. 또한 우리나라의 고속도로 통행료는 외국에 비해 저렴하며, 공영 고속도로의 평균 통행 요금은 50원/㎞ 정도이다.

그런데 출퇴근 시간대가 되면 수도권을 포함한 대도시의 주변 고속도로나 유료 도로는 차량 통행이 잦아지면서 도로로써 제구실을 하지 못할 때가 많다. 또한 추석과 설과 같은 명절이 되면 고속도로나 순환도로, 외곽도로 등은 많은 차량으로 인해 주차장을 방불하게 한다. 이처럼 고속도로에서 고속으로 갈 수 없다면 고속도로는 제 역할을 못하는 것이다. 그렇다면 무료로 운영해야 하지 않을까? 한편으로는 고속도로를 지속적으로 보수하고 관리하는 비용도 만만치 않으므로 유료 도로로 운영해야 어느 정도 재정도 확보되므로 그대로 요금을 징수해야 하지 않을까?

1단계 자동차가 다니는 도로의 통행료 지불에 관한 마인드맵을 그려 보세요.

2단계 꽉 막힌 고속도로의 통행료 지불은 왜 문제일까?

....

....

....

....

....

3단계 꽉 막힌 고속도로의 통행료 문제는 어떻게 해결하는 것이 좋을까?

....

....

....

....

....

짐을 운반하는 일은 땅 위에서 주로 하는 일이었지만, 강이나 바다와 가까운 곳에서 사는 사람들에게는 뗏목이나 배를 이용하는 것이 훨씬 수월했을 것입니다.

제3부에서는 뗏목이나 범선에서부터 우리나라의 옛날 배까지도 알아보고자 합니다. 여객선·화물선·특수선은 물론 군용으로 사용하는 잠수함과 항공모함에 대해서도 살펴보도록 합니다.

바다에서

01 뗏목과 나무배

예능 프로그램 무한도전에서 비닐봉지나 고무대야 등으로 뗏목을 만들어 한강 건너기 시합을 한 적이 있다. 요즘은 물에 잘 뜨는 플라스틱 병이나 스티로폼 등을 엮어 뗏목을 만들기 쉽지만, 선사시대 사람들은 어떤 재료로 뗏목을 만들었을까?

인류는 나일강이나 황허강 등을 중심으로 도시를 발달시키고 문명의 꽃을 피웠다. 사람이 살아가는 데 있어서 꼭 필요한 것 중 하나가 물이다. 이 때문에 큰 강 주변으로 도시가 발달하였고, 그만큼 수로를 이용한 수송의 기회도 많아졌다. 이에 강이나 바다가 가까운 지역에서는 도로보다는 물길을 통한 수송이 좀 더 수월하다.

초기의 수송 수단으로는 물 위에 뜨는 나무나 풀을 엮어 간단한 형태의 뗏목을 만들어 이용했으며, 점차 나무를 가공하는 기술이 발달하면서 일반적인 형태의 배가 등장했다.

| 오늘날에도 사용되고 있는 뗏목

원시적인 배의 종류로는 나무를 묶어 만든 뗏목, 통나무의 가운데 부분을 파낸 통나무배, 동물의 가죽으로 만든 가죽배 등이 있었다. 지금도 에스키모인들은 나뭇가

ThinkGen
성인 한 사람이 탈 수 있는 뗏목을 대나무를 이용하여 만들려면 어느 정도 크기로 또 몇 개의 대나무를 엮어서 만들어야 할까?

지 골격에 동물 가죽을 입힌 카약을 사용한다. 또, 아프리카 지역에서는 갈대를 묶어 만든 파피루스 선을 많이 이용하고 있으며, 동남아 지역에서는 뗏목을 지금도 생활에 이용하고 있다.

| **통나무배** 고대부터 사용하기 시작했으며, 아직도 세계 여러 지역에서 실생활에서 많이 사용하고 있다. 배의 특징은 유선형이며, 불에 태워 깎아낸 후에는 매끈하게 다듬는 과정을 거친다.

아하
그렇구나

우리나라에서 가장 오래된 통나무배는 어디에 있을까?

2003년 태풍 매미로 피해를 입은 경남 창녕군 비봉리에서 배수장 공사를 하던 중 매우 귀한 유물을 발견했다. 조개더미 아래 습지 층에서 나무배가 발견된 것이다.

이 배는 지금으로부터 약 8천여 년 전 신석기시대에 만들어진 것으로 밝혀졌으며, 200년 정도 된 소나무 속을 둥글게 파서 만든 것으로 추측된다. 더군다나 여러 곳을 불로 그을려서 석기로 깎아내고 다듬은 흔적들이 보인다.

| 2003년에 발견된 비봉리 1호 통나무배

이 배는 네덜란드와 중국에서 발견된 통나무배에 이어 오래된 것으로 인정받았으며, 현재는 국립중앙박물관의 보존 처리실에서 약품에 담겨 보존되고 있다.

◌2 범선

범선을 보면 낭만적인 바다 여행보다는 해적이 먼저 떠오른다. 영화 '캐리비안의 해적' 시리즈에서는 매번 낡은 범선이 등장한다. 당시의 해적들도 장거리 해상 무역을 하는 범선들을 상대로 노략질하기 위해 범선을 사용했다. 그렇다면 우리나라 해적들은 어떤 배를 사용했을까?

> ↳ 떼를 지어 다니면서 사람을 마구 잡아가거나 재물을 빼앗아 가는 짓

수로를 통해 사람이나 짐을 수송하는 일이 잦아지면서 자연스럽게 큰 규모의 배가 등장했다. 사람들은 항해할 때 풍족한 바람을 이용할 줄 알게 되면서 갑판 위에 기둥(*마스트)을 세우고 천을 매달아 바람의 힘으로 움직이는 범선을 만들었다.

범선은 바람의 힘으로 돛을 이용하여 움직일 수 있는 모든 배를 뜻하고, 돛을 가진 작고 단순한 범선은 돛단배라고 한다.

범선은 기원전 고대 이집트에서 등장하여 19세기까지 대부분의 배 형태를 이루는 기본이 되었다. 처음에는 1개의 기둥에 1개의 천을 설치했고, 15세기 전후로는 유럽에서 해상 무역이 활발해지고 배의 속력 또한 높일 필요가 생기면서 기둥이 3개 이상되며, 돛 또한 여러 개인 대형 범선이 등장하였다.

| 마스트(기둥)가 하나인 범선

| 마스트(기둥)가 세 개인 범선

* ─────────

마스트(mast) 배 갑판 위에 수직으로 세운 기둥을 뜻한다.

점진적으로 범선의 기능이 향상되면서 한동안 범선의 전성시대가 열렸다. 하지만 증기 기관을 동력원으로 하는 증기선이 제작되어 각광을 받으면서 범선은 점차 사라지기 시작했다.

오늘날은 범선이라고 해서 모두 돛의 힘으로만 움직이지는 않는다. 돛뿐만 아니라 엔진도 함께 사용하는 범선을 기범선이라고 하는데, 이 배는 순풍일 때는 돛을 이용하고, 그 외에는 엔진의 동력을 사용하여 항해한다.

ThinkGen
범선의 많은 돛은 어떻게 내리고 올려서 속력을 조절했을까?

세계적으로 명성을 떨친 범선은?

18세기 말까지 유럽인들의 대아시아 무역은 주로 영국과 네덜란드의 동인도 회사가 대부분 독점하였고, 범선을 이용한 해상 무역이 주를 이루었다. 18세기 이후에는 배의 앞 모양이 고등어처럼 좁아야 속도가 빨라진다는 사실을 알게 되면서 배의 앞부분이 뾰족하게 바뀌었다.

유럽의 범선은 중국에서 재배한 차를 유럽으로 운반하는 데 큰 역할을 했으며, 19세기에는 미국도 범선 무역에 가세하여 영국과 차 운송 경쟁을 벌이기도 하였다.

1869년에 건조된 범선인 커티삭(cutty sark)호는 한때 가장 빠른 범선의 기록을 보유하고 있으며, 오랫동안 해상 무역에 이용된 배로도 널리 알려져 있다. 현재는 더 이상 운항되지 않지만, 실물은 영국에서 보존하고 있다.

| 커티삭호의 모형

| 실제 커티삭호의 모습

03 우리나라의 배

2014년에 개봉하여 관람객이 1,700만 명 이상을 돌파한 '명량'에는 이순신 장군이 울돌목에서 적군과 싸울 때 느꼈던 여러 가지 고민과 용맹함이 잘 나타나있다. 그런데 이순신 장군은 적군과 싸울 때 어떤 배를 이용했을까?

우리나라는 삼면이 바다에 둘러싸이고 하천이 많은 까닭에 아주 오래전부터 배를 만들어 실생활에 이용했다. 이를 테면 삼한시대에는 수로를 이용하여 중국이나 일본과 왕래했으며, 삼국시대 때는 각 나라마다 수군이 발달했을 정도로 배를 많이 이용했다. 아울러 바닷길을 통해 주변의 여러 나라와 무역을 할 때에도 배를 이용했다.

⚓ 해상 전투의 모든 장비를 갖추고 해상의 국방을 담당하는 군대

원시 시대부터 사용하던 뗏목은 통나무를 반으로 쪼개어 속을 파낸 통나무배로 발달했다. 또 철기 시대에 들어와서는 철기를 써서 넓은 나무판을 만들 수 있었고, 나무에 구멍을 뚫고 나무못을 박을 줄 알게 되면서 바다에서 사용할 수 있는 배의 시초로 보이는 거룻배를 만들었다.

| **오늘날의 거룻배** 돛을 달지 않고 노를 저어 움직이는 작은 배로 사람이나 짐을 실어 나르는 데 이용했다. 이 배는 갑판이 없고 뱃머리는 뾰족하며, 뒷부분은 편평한 것이 특징이다.

이후 많은 짐을 싣고 사람을 더 태울 수 있도록 한두 개의 돛을 단 한선(韓船)이 등장하였는데, 이 배는 조수간만의 차가 심한 우리나라의 서남해안의 지형에 알맞게 배의 밑 부분은 편평한 형태로 발전했다.

특히 조선 후기에는 남부 지방에서 세금으로 걷은 곡식을 서울까지 운반하는 데 조운선을 이용했다. 조운선 역시 한선의 기본 구조를 따라 설계된 배이다.

|**한선** 우리나라의 전통 선박으로 바닥이 편평하여 평저선이라고도 한다. 이에 비해 배의 바닥이 뾰족한 배인 첨저선은 유럽이나 일본 등에서 많이 볼 수 있다.

ThinkGen

한선이나 판옥선의 바닥 모양은 뾰족하지 않고 편평했다. 편평한 바닥을 가진 한선이 뾰족한 바닥 모양의 배에 비해 어떤 장점이 있었을까?

또한 임진왜란을 계기로 조선 수군의 판옥선과 거북선이 이름을 떨쳤는데, 판옥선에는 갑판 안쪽을 판으로 둘러싸고 지붕을 올려놓은 집 모양의 공간이 있었다. 배의 내부는 병사들이 노를 안전하게 저을 수 있고, 화포로 무장하여 적군과 싸우기 편리하게 설계되었다.

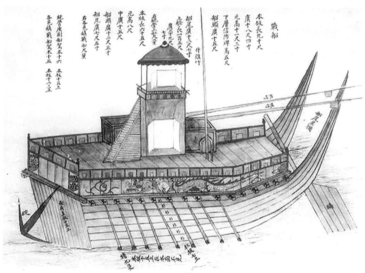

| 정조 때 그려진 판옥선

거북선은 판옥선을 기반으로 거북 모양을 한 독특한 전투용 선박이었다. 뱃머리에는 용머리를 달고 용의 입과 측면에 대포를 설치하여 전투할 때는 적진으로 먼저 돌진하는 돌격선으로 용맹을 떨쳤다고 한다.

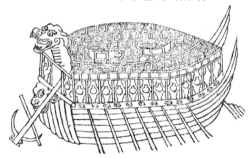

| 조선 후기 전라좌수영의 거북선 그림

04 여객선

세계 역사 속에서 비극적 해난 사고로 유명한 배는 타이타닉호이다. 이 배는 화려하고 큰 여객선이었지만, 첫 운항 중 빙산과 충돌하여 침몰하면서 1,515명의 사망자를 낸 대형 사고였기 때문이다. 이 사고를 각색한 영화로 유명한 〈타이타닉〉을 찾아 관람해보면 어떨까?

바다의 교통수단인 배는 짐을 많이 운반하는 것이 우선일까? 아니면 수많은 사람을 운반하는 것이 우선일까? 아마도 짐을 운반하는 화물선보다는 많은 사람을 실어 나르는 여객선이 선박 발전의 중요한 계기가 되었을 것으로 추측된다.

범선이 큰 배의 주류를 이루던 중세 이후에는 여객선이 대부분 범선의 형태였다. 하지만 증기 기관이 등장하면서 여객선은 차츰 증기선으로 바뀌었다. 20세기 들어서는 장거리를 빠르게 이동할 수 있는 비행기에 여객 운반을 양보하게 되었지만, 가까운 연안이나 단거리 이동에는 여전히 여객선이 많은 부분을 담당하고 있다.

| 1912년 첫 항해에서 침몰한 52,000톤급의 증기 여객선인 타이타닉호

초기에는 주로 여행하는 사람들만을 수송하는 배를 여객선이라고 했지만, 최근의 여객선은 사람 이외에도 자동차나 화물을 함께 싣는 배가 대부분이다.

우리나라의 '선박안전법'에는 13명 이상의 사람을 태울 수 있는 배를 여객선으로 규정하고 있지만, 일반적으로는 배 전체 공간의 70% 이상이 여객용 설비를 갖춘 배를 의미한다. 좀 더 세분화하면 여객선 안에 자동차를 함께 실을 수 있는 선박을 카페리(car ferry)라고 하는데, 이 여객선은 주로 연안이나 연안 주변의 섬 등을 항해한다. 그리고 여객선에 화물을 실을 수 있는 선박을 화객선(Cargo passenger ship)이라고 부르기도 하지만, 일반적으로는 모두 여객선으로 취급한다.

| 이탈리아 국적 크루주선 코스타 빅토리아

아하
그렇구나

선박 평형수와 흘수선은 왜 있을까?
선박에는 여객이나 화물의 적재 무게에 따라 안정적인 운항을 할 수 있도록 평형수(선박 내 탱크에 바닷물을 채우는 것)를 채워 선박의 균형을 유지할 수 있도록 한다. 이를 위해 배 아래쪽에 다른 색의 페인트가 칠해진 것을 볼 수 있는데, 이 부분에 선박의 *흘수선을 표시해 놓고 이곳까지 물의 수면이 올라오도록 선박이 가라앉아야 한다. 이것을 맞추기 위해 여객이나 화물의 적재 중량에 따라 평형수를 채우거나 빼내는 작업을 한다.

배 안에 물건이 가득한 상태   배 안에 물건이 반정도 들어있는 상태   배 안에 물건이 빈 상태

| **선박 평형수** 선박은 어느 정도 물에 잠겨 있어야 효율적으로 운항할 수 있다. 그러므로 선박 평형수는 선박의 운항 효율을 높이기 위해서 반드시 필요하다.
〈출처: 삼성중공업〉

*─────────

흘수선 배를 물 위에 띄웠을 때 안정적으로 운항하기 위해 배가 가라앉는 적정 깊이를 나타낸 선을 의미한다.

05 화물선

여러분은 갑판의 면적이 축구장 3개 이상의 넓이를 가진 배를 상상해 본 적이 있는가? 석유를 옮기는 유조선은 그 규모가 어마어마한데, 그렇다면 유조선은 어떤 구조로 되어 있을까? 이따금 유조선 충돌 사고로 인해 기름이 바다로 유출되어 환경오염을 일으키는 등의 문제가 발생한다. 배를 처음부터 더 단단하게 만들 수는 없을까?

사람들은 짐을 운반할 때 가까운 거리는 수레나 자동차를 이용하지만, 대륙을 오고 갈 때에는 화물선을 주로 이용한다. 증기선이 주로 사용될 때는 여객선과 화물선의 구분이 없었지만, 현대에 이르러서는 컨테이너선·유조선 등과 같이 화물의 특성에 맞게 다양한 화물선들이 등장하고 있다.

컨테이너선

오늘날 일반적인 화물 수송은 대부분 컨테이너선이 담당하고 있는데, 1957년 미국에서 처음으로 해상을 통해 컨테이너를 수송하기 시작한 것이 최초이다. 컨테이너선을 사용하면 육상 수송과의 연결이 쉽고, 적재와 하역이 용이하며, 육지에서 다른 지역으로 이송할 때에도 규격화된 컨테이너가 다루기 편리하다. 그러므로 빠른 수송이 필요하지 않은 화물은 대부분 컨테이너선을 이용한다.

| 컨테이너선

유조선

　유조선은 석유류·화공 약품·포도주 원액 등을 포장하지 않고 바로 실어 나르는 배를 말한다. 이 중에서도 LNG나 LPG를 실어 나르는 유조선을 LNG선이라고 한다. 초기에는 석유를 작은 나무통에 넣어서 범선으로 운반하였지만, 1869년 범선 찰스(charles)호에 의해 처음으로 나무통에 넣지 않고 배 안에 설치된 철제 탱크에 석유를 실어 수송하였다.

　LNG선은 영국에서 1959년 유조선의 오일 탱크를 개조하여 제작한 메테인파이어니어호가 최초이다. 물론 5년 뒤에는 새로운 LNG선이 제작되었다. 그리고 우리나라에서는 1994년 현대상선이 발주하여 건조한 현대중공업의 LNG선이 최초이다.

| 유조선

| **LNG-FSRU(부유식 액화천연가스 저장·재기화 설비)선** 해상에 떠 있으면서 LNG선이 운반해온 가스를 액체로 저장했다가 필요할 때 다시 기체로 만들어 파이프라인을 통해 육상 수요처에 가스 공급을 하는 '바다 위 LNG 기지'

06 특수선

　여객선이나 화물선과 같은 상선 그리고 군용으로 제작된 군함을 제외하고, 특별한 목적으로 건조한 선박을 특수선이라고 한다. 그렇다면 바다 위에도 육지처럼 소방차, 구급차, 견인차, 경찰차 등과 같은 역할을 하는 배가 있는 걸까?

　특수선은 용도에 따라 어선, 작업선, 단속선, 운반선 등으로 구별할 수 있다. 다시 세분화하면 작업선에는 예인선, 쇄빙선, 준설선, 소방선, 크레인선 등이 있고, 단속선에는 순시선과 세관감시선 등이 있다.

　쇄빙선은 얼음으로 덮인 해역의 얼음을 깨고 항로를 개척할 목적으로 건조한 특수선이다. 우리나라의 아라온(Araon)호는 쇄빙연구선으로 2009년에 새로 만든 선박을 처음으로 물에 띄운 후, 남극의 세종과학기지와 북극의 다산과학기지에 물품을 보급하거나 연구를 수행하는 데 사용하고 있다.

🖋 바다를 뜻하는 순우리말 '아라'에 모두라는 뜻의 '온'을 붙인 이름

북극의 결빙 해역을 쇄빙하며 전진하는 우리나라 최초의 쇄빙연구선 아라온호 6,950톤 급 선박으로 길이 110m, 폭 19m, 최고 속도 16 노트인 연구선이다. 이 선박은 강한 추진력으로 배 앞머리를 들어 올려 자체 무게로 누르며 얼음을 깨고, 선체에 붙은 얼음 조각은 배를 좌우로 흔들어 털어낸다. 또한 배 앞뒤에 4개의 프로펠러를 장착하여 자유롭게 전후좌우로 이동할 수 있다.

〈출처: 극지연구소(http://www.kopri.re.k)〉

크레인선은 상자 형태의 선체 위에 기중기가 설치된 배를 말하며, 예인선은 다른 선박
 ↪ 배를 지정된 장소까지 끌거나 밀어서 이동하는 것
을 예항하는 선박으로 도로의 견인차와 같은 역할을 한다.

또한 물 위의 소방
차인 소방선은 화재
신고가 들어오면 신속
하게 화재 현장에 도
착하여, 여러 형태의
선박 화재를 진압할
수 있어야 한다.

| 해양 소방선

시추선은 바다 밑에 매장된 석유나 가스를 시추하는 장비를 탑재한 선박이다. 우리나
라는 1970년대 주요 산유국의 사정 때문에 석유 공급을 제대로 공급받을 수 없어 한 차례
석유 파동을 겪은 이후 석유 자원을 개발할 목적으로 1984년에 시추선을 건조했다. 현재
는 세계의 바다를 누비면서 석유를 탐사하고 시추하는 임무를 수행 중이다.

| 석유 및 가스 시추선

07 잠수함

과거 영국의 유명한 록 밴드 비틀즈의 노래 중 '노란 잠수함(Yellow Submarine)'이 있다. 이 노래는 힘차고 즐겁게 따라 부를 수 있는 것이 특징이며, 영국에서는 동요로 취급 받을 만큼 대중적이다. 여러분도 어떤 노래인지 인터넷에서 가사와 음원을 찾아서 들어보면 어떨까?

인간은 오랜 옛날부터 새처럼 하늘을 날거나, 물고기처럼 물속을 자유롭게 잠수하고 싶어 했다. 이러한 상상력은 비행기와 잠수함을 발명하는 계기를 만들었다.

최초의 잠수함은 네덜란드의 드레벨(Cornelius van Drebbel)이 발명한 것인데, 이 배는 목재로 밀폐된 선체를 만들었으며 노를 저어 이동할 수 있었다. 드레벨이 만든 목재 잠수함은 1620년 이후 여러 차례 템스 강에서 잠수하는 데 성공했다.

1776년에는 잠수함을 전쟁에 이용했다. 그 예로 미국의 독립 전쟁 때 뉴욕 항에서 독립군의 잠수함 '터틀'이 영국 군함을 공격하는 데 사용되었다.

ThinkGen
디젤 엔진을 사용하는 중소형 잠수함은 잠항하는 동안 엔진이 돌면서 나오는 배출 가스를 어떻게 처리할까? 수중에 배출하면 환경에도 좋지 않고 전쟁 중 적에게도 쉽게 노출되지 않을까?

| 드레벨의 목재 잠수함

대형 잠수함은 디젤 엔진이 등장하면서 제작되기 시작하였고, 제1차 세계대전을 계기로 비약적인 발전을 했다. 제2차 세계대전까지는 대부분의 잠수함 제작은 독일이 중심이었지만, 제2차 세계대전 이후에는 미국이 중심이 되었다.

제2차 세계대전 이후의 잠수함에는 장거리 핵미사일이 장착되고 원자력으로 움직이는 원자력 잠수함도 등장하였는데, 미국과 러시아뿐만 아니라 영국과 프랑스 등에서도 제작하여 사용하고 있다. 그리고 첨단 잠수함이라고 할 수 있는 핵전략 잠수함은 1960년 미국에서 개발되었으며, 탄도 미사일을 발사할 수 있도록 설계했다.

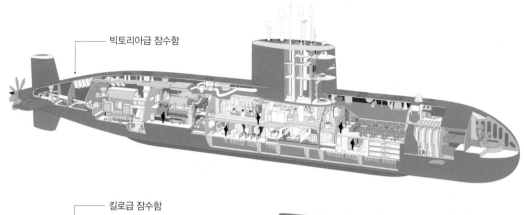
빅토리아급 잠수함

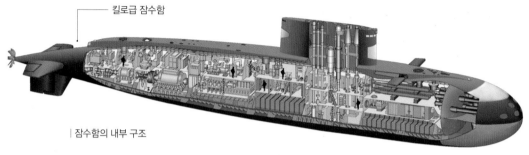
킬로급 잠수함

| 잠수함의 내부 구조

아하
그렇구나

잠수함의 숨쉬기는 어떻게 이루어질까?

잠수함은 해수면 바로 밑에서 잠항을 수행하며 엔진이 작동하려면 공기가 필요하고, 아울러 매연을 공기 중으로 배출해야 한다. 이를 위해 잠수함의 상단부에는 환기 장치인 스노클(snorkel)을 장착한다.

원래 스노클은 네덜란드에서 개발되었으나, 제2차 세계대전 중 독일이 네덜란드를 점령할 때 이것을 실용화했다. 영국에서는 스노트(snort), 독일에서는 슈노르헬(Schnorchel)이라고 하며, 원자력 잠수함은 장시간의 잠항을 위해 이것을 환기용으로 장착하기도 한다.

한 가지 재미있는 사실은 개인이 잠수를 하면서 입에 물고 숨을 쉴 때 사용하는 스쿠버 장비도 스노클이라고 한다.

| 잠수함

스노클 잠수하는 동안 수면에서 호흡을 할 수 있도록 하는 보조 기구

⃝8 항공모함

F-15E 전투기는 최소 450m 이상의 활주로가 있어야 이착륙을 할 수 있다고 한다. 그렇다면 바다에서 전투기를 띄우는 항공모함은 배의 길이가 450m 이상인 것만 존재할까? 그리고 배 위에 여러 대의 전투기가 있다면 배 안이 너무 복잡하지 않을까?

제1차 세계대전을 전후하여 화력과 기동력을 앞세운 군함들이 급속도로 발전하였다. 이중에서도 특히 공군 전투기를 50대 이상 탑재하고 정비 및 보급은 물론, 항공관제까지 가능한 공군 기지를 완벽하게 갖춘 바다 위의 이동식 공군 기지함을 일반적으로 항공모함이라고 한다.

항공모함은 영국군이 제1차 세계대전 전부터 정찰을 위해 군함에 수상기를 탑재하여 사용하면서 등장했다. 제1차 세계대전이 끝날 무렵에는 대형 순양함에 활주로를 만들어 사용하기도 했다.

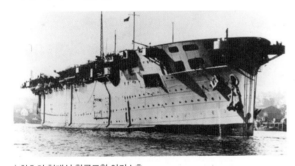

| 최초의 현대식 항공모함 아거스호

| 항공모함 퀸엘리자베스호

1918년에는 일반 상선의 선체를 개량하여 20대의 전투기와 격납고를 설치한 최초의 항공모함인 아거스(Argus)호를 완성했다. 이후 1920년대에 들어서 미국과 일본에서도 항공모함을 건조하기 시작했다.

일반적으로 항공모함은 배수량이 60,000톤 이상인 대형 함을 뜻한다. 예를 들어 2016년부터 운항하는 영국 최대 항공모함 퀸엘리자베스는 전투기 24대, 공격형 헬기 50여 대, 1,600여 명의 승조원이 탑승할 수 있는 65,000톤급 항공모함이다.

항공모함에서 비행기는 활주로를 이용하거나 가속을 돕는 장치인 *캐터펄트(catapult)를 이용하여 비행기를 이륙한다. 최근에는 제트 엔진을 가진 전투기가 대부분이기 때문에 대개는 캐터펄트로 전투기를 쏘아 이륙하는 방식을 사용한다.

ThinkGen

전투기가 이착륙 할 수 있는 항공모함은 관제탑과 레이더, 순양 항해 기술, 비행기 이착륙 기술, 어뢰나 미사일 공격 기술, 항공기 전투 능력 등의 많은 기술과 능력을 가지고 있다. 이 중에서 어떤 것이 가장 중요할까?

현대적인 대형 공격항공모함은 유지비가 많이 들기 때문에 미국이나 중국 등의 몇몇 국가만이 운용하고 있다. 그러나 앞으로는 수직 이착륙이 가능한 비행기가 개발되면 중소형의 새로운 항공모함도 등장할 것으로 예측되고 있다.

군함의 종류에는 어떤 것이 있을까?

관례상 해군이 지휘하는 모든 함선을 군함이라고 한다. 항공모함, 잠수함은 물론 다양한 형태의 군함들이 있다.

전함(battleship) 많은 대구경포와 두꺼운 철판으로 이루어진 포격함으로, 순양함과 함께 함대의 주력 전투용 군함이다.

초계함(patrol boat) 주로 보초 및 경계, 경비 등에 사용하는 군함이다.

순양함(cruiser) 배수량이 항공모함이나 전함보다 작고 구축함보다 큰 전투용 군함이다.

프리깃함(frigate) 잠수함 호위용으로 사용하는 소형 구축함이다.

구축함(destroyer) 대함이나 잠수함 공격이 주임무인 중대형 군함이다.

이지스함(AEGIS) *이지스 시스템을 탑재한 함정으로 최대 200개의 목표를 동시에 탐지 · 추적할 수 있으며, 그중에서 24개의 목표를 동시에 공격할 수 있는 군함이다.

| 우리나라 이지스함 세종대왕함
〈출처: 대한민국해군 (www.navy.mil.kr)〉

---

*
캐터펄트 화약 · 증기 · 유압 등의 동력을 이용하여 함선으로부터 비행기를 발진시키는 장치이다.

이지스 시스템 적의 공격을 탐지 · 추적하고 사격을 통제하며, 미사일의 발사가 가능한 시스템이다.

포드급 항공모함 미 해군의 초대형 항공모함인 '제럴드 포드'호는 '니미츠'급 선박 다음 세대 기종이다. 제럴드 포드호에는 2기의 원자력 발전기를 통해 250% 이상의 전력을 더 공급받을 수 있으며, F-35 전투기를 비롯한 90대의 항공기를 탑재할 뿐만 아니라 항공모함 최초로 무인 전투기의 이착륙이 가능하다.

항공모함

니미츠급 항공모함 현재 미국이 운용 중인 니미츠급의 항공모함은 10여 척 정도이다. 모두 원자력 엔진으로 움직이는 원자력 추진 항공모함으로 원자로 2기를 탑재하고 있어서 연료 보급을 따로 하지 않고도 20년 이상 임무 수행이 가능하다. 또 같은 니미츠급이라도 뒤에 건조된 함일수록 크기가 조금씩 크다. 보통 길이 332m, 폭 76m, 높이 62~72m로 20~24층 건물 높이와 맞먹으며, 비행갑판의 넓이는 축구장 3배 정도의 크기이다.

09 심해 잠수정

비행기가 발명되면서 하늘 위로 수백만km 높이까지 날아갈 수 있었지만, 사람들은 구름을 뚫고 높이 나는 만큼 쉽사리 바닷속 깊이 들어갈 수는 없었다. 이로 인해 사람들은 깊은 바닷속 모습을 생생하게 알지도 못했고, 그곳엔 어떤 세계가 존재하는지도 몰라 한동안은 공상 소설의 이야깃거리였다.

바닷속에는 지상에서 찾을 수 없는 심해 생물자원과 에너지 자원 등이 풍부하게 널려 있다. 배수량이 200톤 이상인 잠수함과는 달리 그 이하가 대부분인 심해 잠수정은 심해의 정밀 지형지도 작성, 지질 분석, 심해 자원 탐사 등에 이용되고 있다. 영국의 챌린저호, 독일의 가첼레호와 플라네트호, 미국의 앨버트로스호 등 탐사선 형태의 수많은 무인 잠수정들은 제2차 세계대전 이전부터 활동했다.

§ 보통 수심이 2,000m 이상이 되는 곳

ThinkGen

심해 잠수정은 생물자원을 수집하거나 광물 시료를 채집하기 위해 어떤 방법을 사용할까?

| 유인 잠수정 배시스케이프

한편 스위스의 피카르(Auguste Piccard)가 개발한 유인 잠수정인 '배시스케이프(Bathyscaph)'가 1953년 수심 2,000m의 심해까지 내려간 이후, 심해 잠수정은 최고 1만m의 해저까지 잠수하는 데 성공했다.

하지만 심해 잠수정의 기술 발전은 심해를 최저로 내려가는 기록 갱신보다는 효과적인 해저 탐사를 돕는 기술에 관심이 모아졌다. 예를 들면 1964년에 탄생한 미국의 앨빈(Alvin)호는 해저 협곡과 해저 산맥 등의 탐험에 널리 쓰였다.

질문이요 우리나라에도 심해 잠수정이 있을까?

한국해양연구원에서 개발한 심해 무인 잠수정(심해 탐사 로봇) '해미래'는 2006년에 처음으로 물에 띄워졌다. 해미래는 세계에서 4번째로 6,000m까지 심해 잠수를 할 수 있는데, 이 정도라면 전 세계 해양의 98%의 물속을 조사할 수 있을 정도의 심해 잠수정이라고 한다.

| 우리나라 심해 무인 잠수정 해미래 1호

아하
그렇구나

침몰한 타이타닉호를 탐색한 심해 잠수정에는 어떤 것이 있을까?

1912년 침몰한 타이타닉호가 1985년에 발견된 곳은 북위 41도 46분, 서경 50도 14분이다. 잠수정 아르고호는 심해 3,900m에서 쉴 새 없이 타이타닉호를 맴돌며 사진을 찍어 탐사팀에 전송했다. 여기에서 배가 두 동강났다는 사실도 확인할 수 있었다.

1986년에는 6,750m까지 잠수할 수 있는 앨빈호로 2차 탐사를 시작했다. 앨빈호는 1960년 이후부터 지금까지 100개가 넘게 만들어진 유인 잠수정 가운데 가장 뛰어난 성능을 자랑하고 있다. 앨빈호와 사슬로 연결된 '제이슨 주니어'라는 로봇을 타이타닉호 안의 계단 통로를 따라 선실로 들여보낸 후 특수 카메라로 선실 안을 자세히 촬영했다.

제임스 카메론은 1995년 직접 심해 잠수정 '미르1호', '미르2호'를 통해 타이타닉호의 잔해를 찍었고, 새로 개발한 심해 카메라로 직접 촬영하기도 했다. 이러한 방법으로 자료가 모아진 것을 토대로 제작된 영화 〈타이타닉〉은 실제 사고와 유사하게 촬영되었다고 한다.

바다에서 안전한 여행을 하려면 어떻게 해야 할까?

1912년 4월 15일 빙산과 충돌하여 침몰한 타이타닉은 승객과 승무원 2,224명 정도가 타고 있었다. 타이타닉호에는 20척의 구명보트가 있었고, 이 구명보트가 구조할 수 있는 정원은 1,178명이었다. 하지만 구조된 사람은 710명(32%), 사망자는 1,514명(68%)이었다고 한다.

| 타이타닉 잔해

이와 같은 위험한 재난 사고에 대비하여 승무원들에게 자체적으로 안전 교육을 시킨다. 아울러 탑승객 안전 교육에 앞서 구명조끼와 구명보트 등의 시설 안전 점검을 수시로 실시한다. 더 나아가 배가 침몰하는 가상 시나리오에 맞추어 승객 대피 훈련을 수차례 실시함으로써, 승무원들의 위기 대처 능력을 향상시키기 위해 노력한다. 또한 관계 기관에서는 수시로 안전교육과 안전 점검 상태를 점검하고 있다.

1 단계 　안전한 바다 여행을 위해 어떤 대책이 필요한지 마인드맵을 그려 보세요.

2 단계 　사람들이 바다에서 안전한 여행을 하려면 어떻게 해야 할까?

인간은 오래전부터 하늘을 날고 싶어 했고, 이로 인해 많은 도전이 있었다고 합니다. 오죽하면 큰 날개를 만들어 새처럼 날갯짓을 하는 시도가 헤아릴 수 없이 많았을까요. 여러 도전 끝에 열기구와 글라이더가 비행에 성공하면서 동력 비행기와 헬리콥터가 등장하기 시작했습니다.

제4부에서는 하늘을 나는 수송 수단에 대하여 열기구와 글라이더, 여객기와 전투기, 그리고 우주 시대를 열어준 로켓과 제트기에 이르기까지 역사적인 등장 과정에 따라 다양하게 살펴보도록 하겠습니다.

하늘 그리고 우주에서

01 열기구

여러분은 그리스 신화 중 인조 날개를 달고 하늘을 날아오른 이카로스의 이야기를 아는가? 사람들은 하늘을 자유롭게 날고 싶다는 생각을 한 번쯤은 한다. 그렇다면 어릴적 나는 하늘을 자유롭게 날고 싶어 어떤 행동을 했을까?

공기보다 가벼운 기체를 넣은 커다란 주머니에 의해 공중으로 올라가도록 만든 것을 기구라고 하는데, 기구에는 기구 내부의 공기를 가열하는 열기구와 수소나 헬륨 가스를 채운 가스 기구가 있다.

Think Gen
열기구는 기구 안의 공기를 가열하는 정도에 따라 떠오르는 것을 조절할 수 있다. 그렇다면 헬륨을 넣은 가스 기구는 어떤 방법으로 떠오르고 착륙할 수 있을까?

1783년 6월 몽골피에 형제(Joseph Michel Montgolfier, Jacques Etienne Montgolfier)는 프랑스 리옹에서 세계 최초로 열기구를 띄우는 데 성공했다. 같은 해 8월에는 파리에서 샤를(Jacques Charles)이 수소 가스를 채운 기구를 띄우는 데도 성공했다. 이후 11월에는 몽골피에 형제가 만든 열기구에 과학자 로지에(Piladare De Rozier)와 육군 장교를 태우고 25분 동안 날아올라 16km 떨어진 곳에 착륙함으로써 최초로 *유인 비행에 성공했다.

몽골피에 형제는 유인 열기구 비행에 성공했지만, 정작 그들은 열기구가 어떻게 떠오르는지 과학적 원리를 이해하지는 못했다.

| 몽골피에 형제의 열기구(기록 그림과 재현품)

*
유인 탈것이나 인공위성 등을 나타내는 명사 앞에서 관형어로 쓰여 그것을 작동하거나 운전하는 사람이 타고 있는 것을 뜻한다.

오늘날에는 기구 안의 공기가 가열되어 외부의 차가운 공기보다 가벼워지면서 기구를 떠오르게 한다는 과학적 원리를 초등학생들도 많이 알고 있지만, 아쉽게도 몽골피에 형제는 지푸라기와 양모를 태운 연기가 기구를 떠오르게 한다고 굳게 믿었다고 한다.

비행선

가스 기구에 동력을 갖춘 것을 비행선이라고 한다. 비행선은 헬륨이나 수소 등 공기보다 가벼운 기체를 일정한 크기의 주머니에 담아 띄우는 구조이다. 동력 장치로는 인력·증기 기관·내연 기관·전기 모터 등을 비행선의 크기에 맞게 이용했다.

1852년 프랑스의 엔지니어 지파르(Henri Jacques Giffard)는 3마력의 힘을 가진 증기 기관에 프로펠러를 사용하여 사람을 실어 나르는 데 성공하였다. 이후 독일의 체펠린(Ferdinand Adolf August Heinrich von Zeppelin) 백작에 의해 뼈대가 있는 튼튼한 비행선으로 발전하였으며, 그의 회사는 민간용은 물론 군용 비행선까지 수십 척을 제작하였다. 비행선은 비행기보다 짐을 더 많이 실을 수 있을 뿐만 아니라 안전한 속도로 비행할 수 있었기때문에 그 당시에는 가장 실용적인 수송 수단으로 여겨졌다.

| 1929년에 제작된 비행선 그라프 체펠린(Graf Zeppelin)

대형 비행선의 대참사

    독일의 비행선 힌덴부르크호는 1936년부터 1937년까지 60회 이상을 비행한 기록이 있다. 특히 독일과 미국을 종종 오고가며 정기적으로 수송을 담당했으며, 당시 독일의 상업용 비행선으로는 최대 규모로 길이가 무려 248m였다. 아울러 최대 속도 135km/h, 승객 50여 명, 화물 20톤 이상을 싣고 13,000km까지 비행할 수 있었다.

    하지만 비행선에 헬륨 가스 대신 값싼 수소 가스를 채워 운항하던 중 1937년 5월 9일 미국의 레이크허스트에 착륙하면서 수소 가스가 폭발하여 승객과 승무원 대다수가 사망하였다. 이 사고는 20세기 초까지 많은 인기를 누리던 비행선이 몰락하는 계기가 되었다. 또한 힌덴부르크호의 사고 이후에는 그동안 인기가 없던 동력 비행기 산업이 다시 주목받기 시작했다.

| 사고 당시의 힌덴부르크호

O2 글라이더

화창한 날 풍경이 좋은 유원지에 가면 글라이더를 타고 비행하는 사람들을 볼 수 있다. 어떤 이들은 낙하산 같이 생긴 것을 등에 메고 선풍기처럼 생긴 엔진도 달고 허공을 가르기도 한다. 이런 글라이더의 명칭은 무엇일까?

하늘을 날고 싶어 하는 사람들의 희망은 열기구나 비행선의 비행이 성공한 뒤에도 다른 여러 가지 실험으로 나타났다. 그 중 하나가 바로 글라이더이다. 글라이더는 원동기나 동력 장치 없이 바람의 흐름에 맞추어 날 수 있는 기구를 뜻한다.

글라이더를 만들기 위해 노력한 사람 중에는 독일의 릴리엔탈(Otto Lilienthal)이 가장 유명하다. 그는 동생과 함께 공기 저항과 부력을 실험하면서 날개에 대한 연구를 이어갔다. 1891년에는 실제로 새의 날개 모양을 한 글라이더를 만들어 내리막길에서 달려 나가 바람을 타고 나는 데 성공했다.

| **릴리엔탈 글라이더** 독일의 항공학 선구자인 릴리엔탈은 리히터펠더 근처의 인공 언덕에서 자신이 고안한 복엽 글라이더를 타고 2,000번 이상 비행에 성공했다.

| 여러 가지 모양의 릴리엔탈 글라이더

그리고 프랑스의 미국 공학자 샤누트(Octave Chanute)는 릴리엔탈의 방법 대신에 방향을 조절할 수 있는 방향타를 달고 날개를 세심하게 나누어 안전하게 비행할 수 있는 글라이더를 개발했으며, 무사고 비행으로도 유명하다.

우리가 잘 아는 라이트 형제도 글라이더를 만들어 자주 실험하였으며, 이러한 노력으로 엔진이 달린 동력 비행기를 발명하는 데 성공했다.

우리나라의 비거

우리나라도 조선시대에 글라이더 모양을 한 비행 기구를 사용했다는 기록이 있다. 1592년 임진왜란 때 진주성 싸움에서 외부와 연락하기 위해 전북 김제 출신의 발명가 정평구라는 사람이 가벼운 수레에 날개가 달린 비거(飛車)를 만들어 타고 날아가 구원병을 요청했다고 한다. 중국의 옛날 책에도 비거라는 단어가 등장하는 것으로 보아 오래 전부터 알려진 것으로 추측된다.

| 비거(飛車) 임진왜란 때 사용한 하늘을 나는 수레로 바람을 타고 날아다녔다고 한다.

Think Gen
임진왜란 때 사용했다고 알려진 비거와 지금의 행글라이더는 어떤 차이가 있을까? 날개의 형태와 사람이 매달린 모습을 상상하여 차이점과 공통점을 생각해 보자.

아하 그렇구나

글라이더의 종류를 알아볼까?

초기의 글라이더는 바람을 타고 날았으나, 오늘날에는 자동차나 소형 비행기로 끌어 띄우기도 한다.

행글라이더 천으로 된 날개 아래에 알루미늄 합금으로 만든 삼각 틀을 고정하여 높은 곳에서 뛰어 내려 비행한다.

세일플레인 글라이더 언덕이나 계곡 위쪽으로 부는 바람을 이용하여 비행한다.

패러글라이더 반원이나 오목한 형태의 낙하산을 메고, 높은 산의 절벽에서 뛰어 내려 바람을 이용하여 비행한다.

| 행글라이더

| 세일플레인

| 패러글라이더

03 동력 비행기

동력 비행기로 비행에 성공한 라이트 형제 중 실제로 첫 비행에서 비행기를 타고 조종한 사람은 형일까? 동생일까? 처음부터 형제가 함께 탑승했을까? 아니면 우주 로켓 발사 때처럼 동물을 태웠을까?

| 형제 발명가 항공학의 선구자 라이트 형제 (좌(동생), 우(형))

Think Gen

라이트 형제가 비행을 성공한 1903년은 이미 전동기, 증기 기관, 디젤 기관 등도 발명된 시기이다. 그런데 플라이어 1호에는 왜 가솔린 엔진을 달게 되었을까?

라이트 형제(Wilbur Wright, Orville Wright)는 기계 완구와 자전거 판매점을 경영하고 있었다. 평소에 존경하던 릴리엔탈이 글라이더로 비행 시험을 하던 중에 사망했다는 소식을 들은 후, 비행기에 흥미를 가지고 연구를 시작했다. 이들 형제는 체계적으로 연구를 하면서 첫 비행에 성공하기까지 비행기 모형을 만들어 시험 비행을 200회 이상, 글라이더로 1,000회 이상을 하는 치밀함을 보였다.

라이트 형제의 동력 비행기 플라이어 1호는 1903년 12월 17일 미국 키티호크에서 동생 오빌 라이트가 조종하여 세계 최초로 12초 동안 36m를 비행하는 데 성공했다. 또한 1905년에는 플라이어 3호를 가지고 38분 동안 40km를 비행하기도 했다. 이후 불완전한 부분들의 성능을 지속적으로 개선하여 1914년에는 속력 204km/h, 거리 1,021km, 높이 6,120m로 비

행함으로써 당시의 비행기로는 세계 기록을 세웠다.

이후 4년 간에 걸친 제1차 세계대전을 겪으면서, 비행기 기술은 빠르게 발달하여 전쟁이 끝난 뒤에는 세계 각국에서 비행기에 의한 정기 항로가 생기기 시작했다. 오늘날에는 제트기뿐 아니라 초음속 비행기도 등장하였으며, 여러 가지 형태의 다양한 기능을 가진 비행기로 발전하고 있다.

우리나라 최초의 비행사는 누구일까?

우리나라 최초의 비행사는 1919년부터 일본에 가서 비행 기술을 배워 두각을 나타낸 안창남이다. 안창남은 1922년 12월 10일 5만여 명의 사람들이 지켜보는 가운데 1인승 비행기인 금강호를 타고 서울에서 처음으로 비행하여 국민들의 영웅으로 떠올랐다.

이후 여러 명의 비행사가 등장했으며, 권기옥, 박경원 등과 같은 여성 비행사들도 활약했다.

| 안창남이 1인승 비행기로 비행한 내용을 실은 신문 기사(동아일보, 1922. 12. 10.)

04 여객기

무기나 폭력적인 수단을 이용하여 비행 중인 항공기를 빼앗는 행위를 하이-잭(Hi-Jack) 또는 하이재킹 (hijacking)이라고 한다. 이와 같은 위기 상황으로 하늘에 떠있는 비행기가 비행 시간을 넘겨 연료가 바닥 났다면, 어떤 방법으로 급유를 받을수 있을까? 또, 납치범들은 어떤 방법으로 탈출을 시도할까? 에어포스 원(1997)이나 논스톱(2014)과 같은 비행기 납치 관련 영화를 보면 그 답을 찾을 수 있을까?

제1차 세계대전과 제2차 세계대전을 거치면서 전투기의 개발 기술이 크게 발전하였다. 이러한 이유로 20세기 초반에는 여객기를 비행기의 종류로 명확하게 구분하지 않고, 제1 차 세계대전 이후 군용기를 개조하여 여객기로 사용하였다.

그러다가 20세기 중반에는 전투기 를 제작하는 기술이 고스란히 일반 여객기 개발에 적용되기도 하였으 며, 1920년대 이후부터 여객 전용기 가 따로 개발되기 시작했다. 이것이 발전을 거듭하여 1940년대 이전까 지 다양한 장치를 갖춘 실용적인 여 객기가 등장하였다.

| **1937년의 여객기**(Lockheed Electra 10E) 2명의 승무원과 10명의 승객을 태울 수 있는 여객기이다.

제2차 세계대전 이후에는 자동차나 선박의 발달과 더불어 항공기도 중요한 교통수단으 로 발전하면서 우수한 여객기도 등장하였다. 단순한 제트 기관이 아니라 우수한 성능의 가스 터빈 기관이 활용되면서 여객기는 우수한 성능을 가진 대형 수송 수단으로 자리 잡 게 되었다.

질문이요 여객기는 무엇이 다른가?

4~5명을 태울 수 있는 작은 비행기도 넓은 의미로는 여객기라고 할 수 있지만, 일반적으 로 여객기는 조종실과 구분된 객실에 사람이 앉을 수 있는 좌석을 10~15개 이상 갖춘 비 행기를 뜻한다.

1969년에는 프랑스와 영국의 합작으로 탄생한 초음속 여객기 '콩코드(Concord)'가 시험 비행에 성공하면서 전 세계로의 여행이 한결 쉽고 편리해지는 계기를 만들었다. 비행기에 사용하는 재료 또한 가볍고 단단한 것으로 발달하였고, 엔진의 성능이 좋아지면서 좌석이 100여 석에 이르는 여객기뿐만 아니라, 좌석이 300~500석 이상의 대형 여객기도 등장하였다.

2007년에는 처음으로 상업용으로 비행을 시작한 에어버스 A380은 좌석을 일반석으로만 제작할 경우 1,000석 내외까지 만들 수 있을 정도로 제작 기술이 발달했다.

| 2층 구조의 여객기 에어버스 A380

오늘날에는 상공 20,000m 내외에서 *마하 2 정도의 속력을 내는 여객기 그리고 날씨와 상관없이 항상 이용할 수 있고, 각종 첨단 장비를 보유한 여객기를 선호한다. 앞으로는 마하 6~12의 극초음

ThinkGen
대형 여객기일수록 항공 요금은 저렴하지만, 배출되는 배기 가스양도 증가한다. 여객기가 경제적이면서도 배기 가스를 적게 배출할 수 있도록 하려면 어떻게 해야 할까?

속, 1,000석 이상의 좌석, 원자력 기관, 수직 이착륙, 완전 자동 비행 등을 갖춘 여객기로 발전해 나갈 것으로 예측된다. 하지만 이와 더불어서 엔진 소음이나 대기오염 등을 해결해야 하는 과제도 안고 있다.

우리나라는 일제강점기에 글라이더 제작소인 조선항공사업사가 있었다. 광복 이후 대한민국항공사로 명칭이 바뀌었고, 1948년에는 5인승 비행기 3대를 수입하여 서울-부산행, 서울-광주-제주행 등의 국내 노선에 취항했다. 또 1962년부터는 대한항공공사로 명칭을 바꾼 후 국가에서 직접 운영하였으며, 1969년에는 민영화되었다.

현재는 대한항공과 아시아나항공을 비롯하여 10여 개 이상의 국내 항공사가 국내외에서 비행기로 영업을 하고 있다.

*
마하(mach) 기체나 액체 속에서 움직이는 물체의 속력을 나타내는 단위이다. 이때 마하 1은 공기 중에서의 음속(약 1,200km/h)에 해당한다. 마하 1보다 빠르면 초음속이라고 부른다.

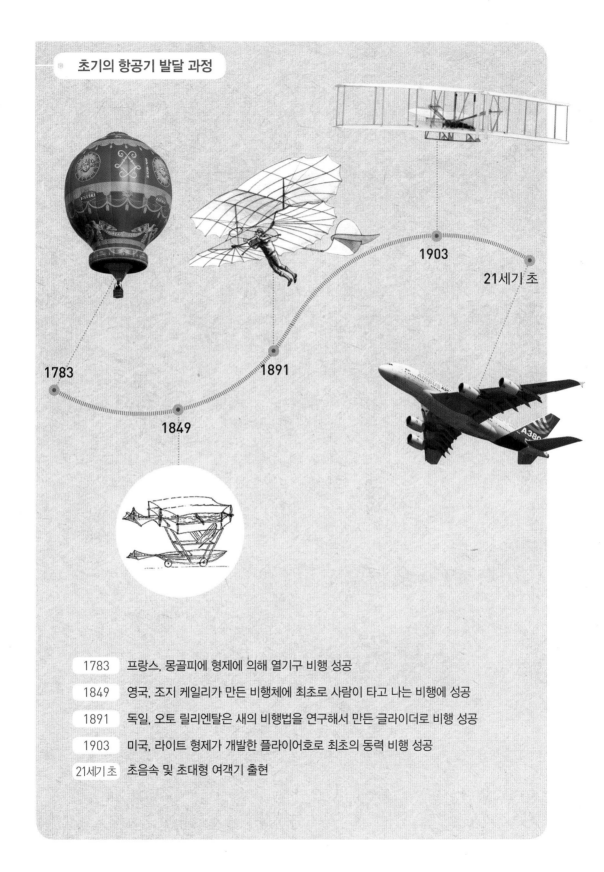

초기의 항공기 발달 과정

1903

21세기 초

1783

1891

1849

1783	프랑스, 몽골피에 형제에 의해 열기구 비행 성공
1849	영국, 조지 케일리가 만든 비행체에 최초로 사람이 타고 나는 비행에 성공
1891	독일, 오토 릴리엔탈은 새의 비행법을 연구해서 만든 글라이더로 비행 성공
1903	미국, 라이트 형제가 개발한 플라이어호로 최초의 동력 비행 성공
21세기 초	초음속 및 초대형 여객기 출현

05 헬리콥터

전투기나 여객기는 제트 엔진을 사용한다. 헬리콥터도 제트 엔진을 사용하지만, 작동 방식이나 구조는 조금씩 다르다. 이를 테면 전투기의 제트 엔진은 뒤쪽에 있지만, 헬리콥터는 중간 부분에서 회전 날개를 돌려 주는 역할을 한다. 이렇게 다른 이유는 왜일까?

인간이 하늘을 날고 싶어 하는 욕구를 동력 비행기로 해결했다 하더라도 아쉬운 점은 남아 있었다. 비행기는 이착륙을 할 때 활주로가 있어야 하고, 공중의 한 지점에서 정지 비행을 하기가 힘들었다. 비록 레오나르도 다빈치가 회전 날개 모양의 헬리콥터를 설계 했지만, 당시 기술력으로는 제작이 불가능했다. 또 그만큼 큰 비행체를 띄워 올리는 데
✐ 운동하는 물체에 운동 방향과 수직 방향으로 작용하는 힘
필요한 양력을 발생시킬 만한 방법도 없었다.

헬리콥터는 제2차 세계대전이 끝나면서 전쟁으로 인해 급속하게 발달했던 항공 기술의 도움으로 탄생했다. 이후 1940년대에는 비행체에 축을 고정하고 회전 날개를 회전시켜 양력으로 상승하고, 무게 중심 부분에 좌석을 배치한 형태의 헬리콥터가 시코르스키(Igor Sikorsky)에 의해 잇달아 개발되면서 헬리콥터는 실용적인 면에서도 주목을 받기 시작했다.

| 1940년 시코르스키가 개발한 VS-300 헬리콥터

ThinkGen

최근 헬리콥터에는 대부분 꼬리 날개가 달려 있다. 꼬리 날개가 있는 헬리콥터와 없는 헬리콥터는 어떤 차이점이 있을까? 비행과 조종의 관점에서 생각해 보자.

무게가 가벼운 가스 터빈 기관을 사용하면서 헬리콥터의 발전도 빠르게 이루어졌다. 이로 인해 오늘날 항공 수송 분야에서 헬리콥터는 중요한 위치를 차지한다. 이를테면 사람과 화물을 운반하는 수송용 이외에도 인명 구조용·농업용·소방용·관측용·군사용 등

다양한 목적으로 활용하고 있다. 최근에는 아파치(Apache AH-64)나 블랙호크(Blackhawk UH-60) 등 다양한 헬리콥터 모델이 개발되고 있다.

1961년 첫 개발된 CH-47 치누크 헬기
주 용도는 수송이지만, 이외에도 항공기 회수, 낙하산 투하, 전투 탐색·구조, 재난 구조, 화재 진압, 건설 공사 등에 폭넓게 이용되고 있다.

우리나라의 기동 헬기, 수리온

우리나라는 2006년에 한국형 헬리콥터 사업을 시작하여 2010년 첫 비행에 성공한 한국형 기동 헬기(KUH) 수리온(Surion KUH-1)을 개발함으로써, 세계 11번째 헬리콥터 개발 국가가 되었다. 우리나라 산악 지형에 적합하도록 설계된 수리온은 백두산 위에서도 정지 비행이 가능하다. 2013년 5월에는 수리온 20대가 군에 배치된 것을 시작으로 하여, 최근에는 응급환자 수송용으로도 이용하고 있다.

한국형 기동 헬기 수리온 최대 속도 272km/h, 순항 거리 450km, 3차원 전자 지도와 통합 헬멧 시현 장치, 4축 자동 비행 조종 장치 등을 장착하여 야간 및 악천후에서도 전술 기동이 가능하다.

〈출처: 한국항공우주산업(KAI)〉

06 전투기

제1차 세계대전 초기에는 하늘을 비행하다가 적대국의 정찰용 비행기와 마주치면 조종사들은 서로 손 인사를 하면서 지나다녔다고 한다. 하지만 그것도 잠시, 조종사끼리 총이나 기관총을 가지고 서로를 공격하면서 전투기의 역사는 시작되었다고 한다. 만약 그 당시에 내가 조종사였다면 어떠했을까?

비행기를 용도별로 구분하면 크게 민간기와 군용기로 나눌 수 있다. 과거에는 군용기를 전투기·폭격기·공격기·정찰기 등으로 구분했지만, 최근에는 비행기의 성능이 빠르게 발전하면서 여러 가지 용도를 함께 가지고 있는 경우가 대부분이다.

| **1916년 영국의 소프위드 카멜** 제1차 세계대전 때 서부 전선 전투에 도입된 전투기로 전쟁 중 다른 어떤 전투기들보다 많은 1,294대의 격추 기록을 세우기도 했다.

제1차 세계대전 중반 이후에는 각국이 전투기 개발에 박차를 가하면서, 제2차 세계대전에서는 다양한 전투에서 많은 활약을 펼쳤다. 현대의 전투기는 보통 20,000m 높이의 고도에서 마하 1 이상의 속력으로 비행할 수 있으며, 미사일과 기관포 등 각종 무기를 장착하고 *자동 항법 장치는 물론 자동 공격 및 방어용 장비도 갖추고 있다.

＊
　자동 항법 장치(GPS, 인공위성 자동 위치 측정 시스템) 인공위성에 의해 자동차·선박·비행기 등이 현재 어디에 있는지 위치를 정확하게 알 수 있고 더 나아가서는 자동으로 조종하는 장치까지를 말한다. 위성 항법 장치 또는 자동 운행 시스템 등으로도 불린다.

| 1944년 미국의 머스탱(P-51 Mustang) 제2차 세계대전과 한국 6.25 전쟁에도 투입되었던 전투기로 우리나라 공군이 창설된 후 처음 보유한 기종이기도 하다.

국내에서 개발한 전투기로는 프로펠러로 비행하는 KT-1과 초음속으로 비행할 수 있는 고등 훈련기 T-50 등이 있다. 특히 T-50은 1997년에 개발하기 시작하여 2001년에 완성되었으며, 2003년에는 초음속 비행에 성공했다. 2005년부터 대량 생산하기 시작한 T-50의 개발로 우리나라는 세계에서 12번째로 초음속 비행기를 개발한 국가가 되었다.

| 2001년에 완성한 초음속 고등 훈련기 T-50

| 1991년 첫 비행에 성공한 국산 훈련기 KT-1 웅비 국내 순수 독자 기술로 개발에 성공한 KT-1은 국내 항공기 연구 · 개발 체계와 군용 항공기의 기술 시험 및 운용 시험 절차와 기반을 구축하는 계기를 만들었으며, 고등 훈련기 및 차기 전투기 개발 등에 활용하고 있다.

〈출처: 대한민국공군〉

스텔스 전투기

1987년에 제작된 *스텔스 전략 폭격기 B-2의 구조 |

| 1997년 록히드마틴사와 보잉사가
함께 제작한 F-22 랩터(raptor)

| 차세대 전투기 F-35

* ———————————
    스텔스(stealth) 상대의 레이더, 음파 탐지기 등과 같은 전자 탐색 장비에 포착되지 않는 기술이다.

07 로켓과 제트

🖊 화살에 화약을 매달아 쏘는 무기

조선시대에 만들어진 신기전에는 대신기전, 산화신기전, 중신기전, 소신기전 등이 있다. 우리가 잘 알고 있는 소신기전은 사정거리가 대략 100m 내외이다. 그렇다면 대신기전은 어느 정도까지 날아갈 수 있었을까? 영화 〈신기전〉(2008)에서는 신기전의 제작법도 나올까?

로켓(rocket)과 제트(jet)의 차이점은 연료 이외에도 연료를 태우는 데 필요한 산화제(산소)를 함께 가지고 있는지에 따라 구분된다. 먼저 제트는 자동차처럼 연료만 싣고, 연료를 태우는 데 필요한 산화제를 공기 중에서 얻으며 비행한다. 이에 비해 로켓은 연료와 산화제를 모두 싣고 다니기 때문에 공기가 없는 곳에서도 사용할 수 있다. 그렇기 때문에 로켓 관련 기술은 우주 개발을 위한 비행체를 연구하는 데 있어서 핵심이 되고 있다.

로켓

1040년경에 쓰인 중국 군사상의 서적 무경총요에는 화약을 이용하여 대형 화살을 사용했다는 기록이 있다. 또 13세기경에는 전쟁터에서 화약이 들어 있는 대나무 통의 추진력으로 화살을 날려 적군을 공격하는 데 쓰이기도 했다. 이처럼 중국에서 발달한 기술들은 인도나 아라비아를 거쳐 유럽으로 전해졌다. 아울러 이탈리아에서는 '로케타(rocchetta)'라고 불리면서 로켓의 어원이 되었다.

아하 그렇구나

우리나라의 첨단 로켓 병기 신기전을 아는가?

우리나라에서 로켓을 처음 만든 사람은 고려 말(1377년) 화약 및 화기의 제조를 맡아오던 임시 관아인 화통도감에서 여러 가지 화약과 관련된 무기를 개발한 최무선이다. 그가 만든 18가지의 무기 중에 '주화(달리는 불)'라는 것이 로켓과 같은 원리이다. 이것이 조선 세종대왕(1448년) 때 '신기전'으로 불렸으며, 〈병기도설〉이라는 서적에는 소신기전, 중신기전, 산화신기전, 대신기전 등 4가지로 나누어 자세하게 기록되어 있다.

| 조선시대의 로켓 병기 신기전

인도에서는 인도인이 영국군을 공격할 때 로켓 무기를 사용했는데, 이것을 빼앗은 영국의 콩그리브경(Sir William Congreve 1st Baronet)은 1804년 약 3km까지 비행하면서 적중률 또한 높은 콩그리브 로켓을 개발했다. 이후 화약이 아닌 액체 추진체를 이용하면 더 높고 멀리 날아갈 수 있다는 연구가 발표되었고, 이를 기반으로 1926년에는 미국의 고더드(Robert Hutchings Goddard)는 최초의 액체 추진체 로켓을 쏘아 올리는 데 성공했다.

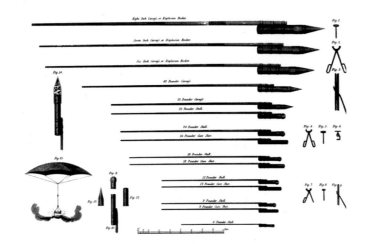

19세기 초반 영국 콩그리브 로켓의 종류
콩그리브 로켓은 우리나라의 대신기전과 비슷하게 앞부분에 기름과 천을 넣은 화공 탄두나 화약과 파편을 넣은 작렬 탄두를 장착하는 등 강력한 화공용 무기로 만들어졌다. 이 로켓은 탄두 중량에 따라 6, 9, 12, 18, 24, 32, 42, 100, 200, 300 파운드급으로 나뉜다. 가장 많이 쓰인 것은 32 파운드 급으로, 해당 로켓의 사정거리는 2.7km이다.

| 1950년 미국에서 시험 중인 V-2 개량 로켓

현대적인 장거리 로켓의 등장은 평소 로켓에 관심이 많았던 독일의 폰 브라운(Wernher von Braun) 박사에 의해 1942년 세계 최초의 탄도 미사일인 V-2 발사에 성공하면서부터이다.

1957년 구소련에서는 세계 최초의 인공위성인 스푸트니크(Sputnik)호를 로켓으로 쏘아 올렸으며, 1969년 7월에는 미국의 아폴로 11호가 인간을 태우고 달을 탐사하는 데 성공했다.

그리고 우리나라의 우주발사체(나로호) 'KSLV(Korea Space Launch Vehicle)-1'은 2009년 8월(1차 발사)과 2010년 6월(2차 발사)에 쏘아 올린 것은 모두 실패했지만, 2013년 1월(3차 발사)에는 성공적으로 쏘아올렸다. 나로호는 러시아에서 개발한 1단 액체 추진 로켓과 국내에서 개발한 2단 고체 킥모터로 이루어진 2단형 발사체이다.

제트

 로켓과 비슷한 구조인 제트는 증기·액체·기체 등과 같은 유체가 압력이 낮은 제트 내부를 빠르게 통과되면서 고속으로 분출하는 힘으로 목적지를 향해 날아가는 구조이다. 제트의 내부는 압력을 낮게 만들었기 때문에 가느다란 관을 설치해 놓으면, 유체는 제트로 빨려 들어가 뒤로 분출된다. 이 원리는 분무기의 물이 가느다란 관이 있는 입구로 빨려 올라와 미세하게 뿌려지는 것과 같다.

 제트 엔진을 추진으로 하는 제트기는 제2차 세계대전을 겪으면서 급속도로 발달했다. 세계 최초의 비행은 1939년 독일의 하인켈(Heinkel) HE-178이며, 1943년부터 1944년경에는 독일뿐 아니라 영국 등의 나라에서도 제트기를 전쟁에 사용했다.

 제트기의 종류는 프로펠러를 이용하는 터보프롭기와 프로펠러가 없는 터보제트기로 나눌 수 있다. 프로펠러가 달린 수송용 제트기는 800km/h 이상으로는 비행하기 곤란했지만, 프로펠러가 없는 터보제트 엔진을 사용하면서부터 비행 속도가 마하(Mach, 기호로는 M)의 단계를 넘을 수 있게 되었다.

ThinkGen

프로펠러를 이용하는 제트기는 왜 비행 속도가 800 km/h 이상으로 비행하기 곤란했을까? 그 이유를 과학적 원리로 생각해 보자.

| 1939년 비행에 성공한 제트기 하인켈 HE-178

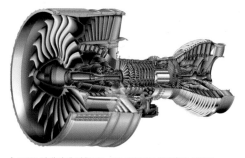

| A380 여객기에 장착되는 터보팬 제트 엔진(GP 7000)

 제트 추진은 다량의 가스를 빠르게 뒤쪽으로 분출하여 그 반동으로 전진추력을 얻는 방식으로, 오늘날의 제트기에 주로 사용하는 것은 터보 제트이다.

 최근에는 터보 제트 앞에 팬을 추가하여, 팬으로 압축한 공기를 엔진에 보낸 후 다시 압축하여 추진력을 얻는 터보팬 제트 엔진을 사용한다. 이 엔진은 기존의 터보 제트 엔진보다 성능이 우수하여 대형의 초고속 점보 여객기가 탄생하는 데 중요한 역할을 했다.

０８ 무인기

무인기는 사람이 탑승하지 않고 원격으로 조종하거나 스스로 알아서 비행하고 되돌아오는 비행기를 뜻한다. 그렇다면 방송국에서 항공 촬영에 사용하는 헬리캠(helicam)이나 드론(drone)도 무인기라고 할 수 있을까? 또 우리나라가 옛날부터 통신용으로 사용했던 방패연도 무인기라고 할 수 있을까?

헬리콥터와 카메라의 합성어로 본체에 소형 카메라를 장착하여 사람이 접근하기 어려운 곳을 촬영하기 위한 소형 무인 헬기

비행기는 오늘날 유용한 수송 수단으로 확고하게 자리매김을 하고 있다. 여기에 정보 통신 기술의 발달과 함께 새로운 재료가 개발됨에 따라 사람이 헬기에 타지 않고도 원하는 일을 수행할 수 있는 무인 비행기(또는 무인기, 무인 비행체)도 개발했다. 원래 무인기를 개발한 목적은 적군의 기지를 정찰하거나 군사 훈련을 위한 표적으로 사용하기 위해서였다.

제2차 세계대전 이후에는 수명이 다된 낡은 비행기를 무인기로 변경하여 공중 표적용으로 재활용하기 시작하면서 군사 훈련에서도 낡은 비행기를 재활용하게 되었다. 이와 관련된 기술들이 쌓여 멀리까지 정찰할 수 있는 무인기도 개발되었다.

| 미국의 표적용 무인기 Ryan Firebee

ThinkGen

표적용 무인기에 실제 무인기처럼 첨단 장비를 장착하여 운용하면 비용이 많이 든다. 표적용 무인기는 어떻게 비행하고 훈련에 사용될까?

무인 비행기를 드론이라고도 하는데, 미국에서는 드론을 개발하여 실종자 수색, 산불 감시, 범죄 차량 추적, 가스관이나 송유관 점검 등과 같이 폭넓게 광범위하게 활용하고 있다.

최근에는 소형 상품을 직접 배달하는 택배업에도 드론을 사용하고 있다.

아울러 회전 날개가 4개인 소형 무인기를 쿼드콥터(quadcopter)라고 하는데, 이런 무인기는 주로 레저용이나 항공 촬영용으로 사용된다.

1998년에 개발된 에어로존데(aerosonde)는 하루 이상을 비행하며 기상 관측을 할 수 있도록 제작되었으며, 2001년에는 태양광에너지를 이용하여 시험 비행 당시 2.3㎞까지 상승

하는 데 성공한 헬리오스(helios)는 날개 길이가 무려 75m나 된다.

무인기는 원격 탐지 장치, 위성 제어 장치 등의 최첨단 장비를 갖춘 상태로 상대 국가나 적지에 투입되어 많은 정보를 수집하고 정찰 업무까지도 수행할 수 있다. 더 나아가 무인기에 공격용 무기를 장착하여 지상군 대신 적을 공격하는 공격기의 기능까지 겸하기도 한다.

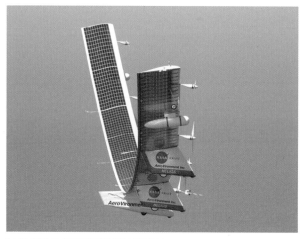

| 시험 비행 중 추락 직전의 NASA 헬리오스

우리나라의 무인기

우리나라에는 2000년에 개발한 군사용 무인 정찰기 '비조(RQ-101 송골매)'가 있으며, 러시아와 공동으로 개발한 농업용 무인 헬리콥터도 있다. 또한 1999년부터 에어로존데와 유사한 소형 장기 체공 무인기를 개발하기도 했다. 그리고 군사용으로는 RQ-7 Shadow, RQ-2 Pioneer, 송골매, 서처(Searcher) 등이 있으며, 지금도 초소형 무인기는 국내 여러 대학과 연구실에서 활발히 연구되고 있다.

| 2000년에 개발된 국산 무인기 비조

드론 택배 인구 밀도가 낮거나 접근이 어려운 도서산간 지역이나 긴급한 상황 등에서 물건을 배송하는 데 유용하게 활용될 수 있다. 도시에서 택배나 감염병 소독 등에 사용되고 있으나, 무인기의 상용화에 있어 산업 활성화와 함께 안전관리(사생활 침해, 사람 및 사물과 여객기와의 충돌 위험, 테러 위협, 드론 택배와 같은 무선 네트워크 활용 시 해킹 가능성 등으로부터의 안전성)를 위한 정책 또한 필요하다.

드론이 택배를?

드론은 처음엔 군사용으로 개발되어 정찰, 정밀 공격 무기의 유도, 통신 등의 업무를 수행했지만, 근래에는 맞춤형 제작과 자동화 시스템에 힘입어 민간 분야까지 확대되었다. 드론은 촬영, 범죄 수사, 물류 배송, 인명 구조 및 수송 등 다양한 영역에서 활용되고 있다.

우주에 떠도는 쓰레기를 어떻게 해야 할까?

우주에는 2013년을 기준으로 지구 주변을 떠도는 직경 10cm 이상 크기의 우주 쓰레기가 20,000 여 개가 넘는 것으로 알려져 있다. 우주에서 떠도는 폐기물들, 이를 테면 수명이 다하거나 폐기된 인공위성 파편·로켓의 잔해 등은 10km/s 내외의 매우 빠른 속도로 움직이므로 국제 우주 정거장은 물론 다른 우주선이나 인공위성에 심각한 피해를 줄 수도 있다.

| 우주에서 떠도는 각종 폐기물들(상상도)

예를 들면 수명이 다 된 러시아의 코스모스2251 위성이 2009년 2월 10일경 미국의 이리듐33 위성과 충돌하여 2,000여 조각이 나면서 금액으로는 600억 이상의 피해를 끼쳤다. 그리고 수명을 다한 미국과 러시아의 일부 인공위성이 지구로 떨어지는 사고도 빈번하다.

2000년대 이후부터는 중국이나 일본을 비롯한 여러 나라가 우주 개발에 박차를 가하면서 인공위성을 발사하는 횟수도 늘어나고 있어 우주 쓰레기는 갈수록 더 늘어날 수밖에 없다. 이에 최악의 경우 1978년 NASA의 케슬러(Donald J. Kessler) 박사가 제기한 '케슬러 신드롬'이 현실화될 수도 있다. 케슬러 신드롬은 우주 쓰레기들이 인공위성이나 다른 쓰레기와 연쇄적으로 부딪치면서, 그 숫자가 엄청나게 늘어나 지구 궤도 전체를 뒤덮는 현상을 뜻한다.

1 단계   우주에 떠도는 쓰레기에 관해 마인드맵을 그려 보세요.

2 단계   우주 쓰레기가 왜 문제일까?

_____

_____

_____

_____

3 단계   앞으로 우주 쓰레기는 어떻게 처리하면 좋을까?

_____

_____

_____

_____

　우리는 미래에 어떤 수송 수단을 이용하면서 살고 있을까? 현재 개발되어 실생활에서 사용하는 수송 수단도 있고, 지금도 활발하게 연구가 진행되면서 발전을 거듭하는 수송 수단도 있습니다. 아울러 무엇이 어떻게 개발될지 모르는 것도 있을 수 있습니다.

　제5부에서는 수송 수단과 관련하여 고속도로를 이용할 때 꼭 필요한 하이패스와 자동차의 주행 상황을 동영상으로 기록하는 블랙박스에 대해 알아보겠습니다. 그리고 세그웨이나 자율 주행 자동차 등의 첨단 기기부터 호버크라프트와 위그선도 살펴보도록 하겠습니다. 항공 우주 분야에서는 인공위성과 국제 우주 정거장은 물론 아직 도전해보지 못한 우주 엘리베이터에 대해서도 알아보도록 합니다.

미래를 위한…

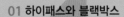

01 하이패스와 블랙박스

우리나라는 좁은 국토에 알맞게 그물처럼 동서남북으로 고속도로가 잘 닦여 있다. 자동차 관련 기술도 발전하여 자동차에도 항공기의 전유물이었던 블랙박스가 장착되었으며, 고속도로를 지날 때 지불하는 통행 요금에도 자동화 시스템을 도입하여 요금 수납도 원활하게 하고 있다. 미래의 자동차에는 어떤 변화가 있을까?

하이패스

우리나라의 경제가 성장하면서 자동차의 수요도 큰 폭으로 증가함에 따라 도로 또한 점점 넓어지고 직선화되는 추세이다. 아울러 도로가 유기적으로 연결되면서 전국 곳곳을 빠르고 쉽게 오갈 수 있게 되었다. 그런데 유료 도로의 톨게이트를 통과하려면 통행료를 지불해야 하는데, 이 과정에서 차량들이 통과할 때 기다리는 시간이 길어지면서 자동차들도 정체되는 문제가 발생한다. 이런 문제를 해결하기 위해 등장한 기술이 바로 하이패스 시스템(Hi-pass system)이다.

하이패스는 근거리 무선 통신 기술을 이용하여 통행하는 차량의 통행료를 카드로 결제하는 시스템이다. 이 시스템에서 사용하는 하이패스 카드는 종류에 따라 일정한 금액을 교통카드처럼 충전하여 사용하는 선불 방식과 신용카드처럼 사용 금액을 나중에 결제하는 후불 방식이 있다.

Think Gen
톨게이트의 하이패스 시스템을 통과할 때는 30㎞/h 이하로 서행해야 한다. 고속도로의 원래 주행 속도인 100㎞/h로 통과하려면 어느 부분을 개선해야 할까?

| 종류가 다양한 하이패스 단말기와 하이패스 카드

하이패스 시스템에 꼭 필요한 것은 전자 카드, 차량용 단말기, 톨게이트의 안테나 등이며, 결재 과정을 살펴보면 다음과 같다. 먼저 자동차 안에 설치된 단말기가 톨게이트 입구 쪽의 안테나에 차량 정보와 위치 정보를 보내면, 출구쪽의 톨게이트 안테나가 차량 단말기에 통행료 지불을 위한 결제 요청 신호를 보낸다. 그러면 차량용 단말기가 카드의 금액과 결제 방식을 안테나로 보내고, 결제가 완료되면 안테나를 통해 차량용 단말기로 처리 내역을 보낸다.

| 하이패스 시스템의 처리 과정

하이패스 시스템의 고민은 무엇일까?

하이패스 시스템의 무선 통신 방식에는 5.8GHz의 주파수(RF) 방식과 적외선(IR) 방식이 있다. 주파수 방식에는 수동 방식과 능동 방식이 있는데, 특히 능동 방식은 통신 거리가 길고 많은 부가 서비스를 제공할 수 있어서 우리나라는 능동 방식을 사용한다.

한국도로공사에서는 하이패스 시스템을 통하여 통행료 징수 이외에도 실시간 교통 정보와 같이 다양한 정보를 제공하고자 했다. 하지만 내비게이션 시스템에서 먼저 실시간 교통 정보와 여행 정보 등을 포함한 TPEG(Transport Protocol Expert Group)를 제공함으로써, 한국도로공사에서는 이를 따로 개발할 필요가 없게 되어 현재는 단순하게 통행료 결제에만 사용하고 있다. 참고로 미국 텍사스주의 경우에는 우리나라처럼 전원이 공급되는 단말기를 사용하지 않고, 교통 카드처럼 전자 태그를 자동차 앞 유리에 부착하여 사용하고 있다.

| 자동차 앞 유리 부착용 TxTag | TxTag 부착 자동차 전용차선

블랙박스

블랙박스(black box)는 비행 기록이 저장되는 장치로써 사고 발생 시 사고 원인을 밝히기 위한 목적으로 비행기에 장착한다. 호주의 항공 과학자인 워런(David Warren)은 어린 시절 비행기 추락 사고로 아버지를 잃은 탓에 항공 사고를 예방할 수 있는 기술 개발에 관심이 많았다. 그는 제트 여객기 '코멧(comet)'이 추락 사고를 연달아 일으키자, 항공 사고 원인을 밝혀 줄 장비가 필요하다는 것을 깨닫고 1956년 블랙박스의 원조라고 할 수 있는 '플라이트 데이터 레코더(FDR: Flight Data Recorder)'를 발명하였다.

| **비행기 사고 현장에서 수거한 블랙박스** 블랙박스의 모양이나 크기는 비행기의 크기나 용도에 따라 다르지만, 무게 10kg 정도, 길이 50cm 내외의 크기로 눈에 잘 띄도록 오렌지색으로 만든다. 특징은 기기 무게의 3,400배 충격을 버티고 1,000℃ 정도에서도 30분 이상을 견디며, 6,000m 깊이의 물속에서도 30일 정도 거뜬하게 견딜 수 있도록 제작한다.

블랙박스에는 해당 기기의 기록 내용과 함께 교신 기록, 조종석의 대화 내용까지 추가되면서 오늘날의 블랙박스가 탄생했다. 초기에는 4시간 정도의 비행 정보만을 기록할 수 있었지만, 현재의 블랙박스는 400시간 이상의 비행 기록을 저장할 수 있다.

| 차 안에 설치된 블랙박스가 운행 중에 도로를 촬영하고 있는 모습

최근에는 항공기에서 사용하는 블랙박스의 기술을 응용하여 만든 차량용 블랙박스를 많은 자동차에서 사용하고 있다. 현재의 차량용 블랙박스는 카메라로 영상을 촬영하여 사고 원인을 파악하는 데 주로 사용되지만, 미래에는 블랙박스, 하이패스, 내비게이션, 후방 카메라 등이 하나의 정보 안내 시스템으로 통합되어 발달할 것으로 예측된다.

| 다양한 차량용 블랙박스

항공기에 설치된 블랙박스의 특징은?

항공기에 설치된 블랙박스는 사고로 비행기가 물속에 가라앉더라도 ULB(Under Water Located Beacon, 수중 위치 신호 발생기)라는 장치를 두어 37.6kHz의 전자파가 발생되도록 설계함으로써, 전파 탐지기로 블랙박스의 위치를 파악할 수 있도록 했다.

블랙박스는 비행 고도, 대기 속도, 기수 방위, 엔진 상황 등을 기록하는 FDR(Flight Data Recorder, 비행 자료 기록 장치)과 조종실의 대화 및 교신 내용을 기록하는 CVR(Cockpit Voice Recorder, 조종실 음성 기록 장치)이 한 세트로 구성된다. 그리고 블랙박스가 설치되는 곳은 기내에서 가장 충격을 덜 받을 수 있는 꼬리 칸이다.

비행 데이터

신호 발신기

비행기 연결 부분

외부 충격 · 화재 보호

| 항공기 블랙박스

ULB

| 블랙박스의 내부 구조

| 전파 신호 장치(ULB)

02 친환경 자동차

오늘도 수많은 자동차가 도로를 달리고 있다. 자동차는 우리 삶의 질을 높여주었지만 최근 갈수록 심각해지는 지구 온난화 및 대기 오염과 같은 환경 문제에 민감해지면서 사람들은 탄소 배출량을 줄이는 기술에 관심을 갖기 시작했다. 현재 어떤 기술들이 개발되고 있을까?

세계 각국의 탄소 배출 규제 정책에 따라 석유를 연료로 사용하는 자동차는 연료의 효율을 높이고, 탄소 배출을 줄여야 하는 과제를 안고 있다. 이에 모든 자동차에는 연비와 탄소 배출량을 표시하고 있으며, 이것을 바탕으로 자동차를 등급으로 나누어 분류하여 세금을 차등으로 부과하고 있다. 또한 여기에 그치지 않고 친환경 자동차의 판매나 운행에 유리한 정책도 함께 시행하고 있다.

| 자동차의 에너지 소비 효율 등급 표시

〈출처: 한국에너지공단〉

친환경 자동차의 종류에는 하이브리드 자동차(HEV; Hybrid Electric Vehicle), 플러그인 하이브리드 자동차(PHEV: Plug-in Hybrid Electric Vehicle), 클린 디젤 자동차(Clean Diesel Vehicle), 전기 자동차((EV; Electric Vehicle), 수소 연료 전지 자동차(FCV; Fuel Cell Electric Vehicle) 등이 있다.

하이브리드 자동차란 내연 기관과 전기 모터를 조합하여 사용하는 자동차를 말한다. 특히 이중에서 배터리에 충전이 가능한 것을 플러그인 하이브리드 자동차라고 한다. 클린 디젤 자동차는 기존의 디젤 엔진에 촉매 장치 등을 추가하여 일반 디젤 자동차보다 배출가스를 줄이고, 동급 가솔린 자동차보다는 20~30% 연비 효율이 높은 자동차를 말한다.

현재 하이브리드 자동차는 전기 자동차와 함께 교통량이 많은 도시의 친환경 자동차로 각광을 받고 있으며, 일본과 우리나라 등을 중심으로 많이 만들어내고 있다.

일본의 하이브리드 자동차 프리우스(PRIUS)가 1997년부터 생산되어 인기를 끌며, 우리나라를 비롯한 많은 자동차 생산 국가들이 디젤 자동차보다는 하이브리드 자동차를 많이 생산하고 있다.

근래엔 환경보호 문제가 전 세계적으로 이유가 되면서 충전된 배터리를 통해 전기 모터로 작동하는 전기 자동차도 많이 사용하고 있다. 앞으로 배터리의 크기는 더 작고 가볍게 만들어지고, 충전 시간이 지금보다 더욱 짧아진다면 다양한 전기 자동차가 우리 생활 깊이 자리 잡게 될 것으로 보인다.

| 하이브리드 자동차 프리우스(도요타)

| 기아 소울(Soul) 전기 자동차의 엔진룸 모습

| 전기 충전소에서 자동차에 충전하는 모습

Think Gen
미래 사회에서 환경 친화적인 자동차 기술은 어떤 방향으로 발전해야 할까? 하이브리드, 배터리와 전기, 연료 전지, 원자력 중에서 어떤 것이 더 친환경 자동차로써 미래 사회에 많이 사용될 수 있을까?

연료 전지 자동차는 1966년 GM에서 'Chevrolet Electrovan'을 개발하였으나 주목받지 못하다가 1980년대 후반 캐나다 기업 '밸러드 파워 시스템즈 (Ballard Power Systems)'에서 연료 전지를 작게 만드는 데 성공하면서 실용화 가능성이 높아졌다. 이 자동차는 수소와 산소를 반응시켜서 전기를 생산하는 연료 전지를 동력원으로 하는 전기 자동차 중 하나로, 현대자동차의 넥쏘가 대표적이다.

친환경 자동차에 대한 상식

하이브리드의 의미는 '혼합'을 뜻한다. 따라서 하이브리드 자동차는 두 가지의 동력원을 함께 사용하는 자동차를 의미하는 것으로 동력원에는 내연 기관과 전기 모터를 조합하여 사용한다. 하이브리드 자동차가 달리는 과정을 살펴보면 다음과 같이 시동 → 가속 → 정속 주행 → 감속 → 정지 순으로 이루어짐을 알 수 있다.

정차 시 → 엔진 정지	출발 및 가속 시 → 엔진 + 모터 구동	정속 주행 시 → 엔진만 구동	감속 시 → 배터리 충전
엔진을 자동으로 정지시켜 차량 공회전에 따른 불필요한 연료 소비 및 배출가스 발생을 차단 한다.	차량(오토 스탑) 출발, 가속 및 급가속 등 엔진에 과부하가 걸리면 모터가 엔진을 보조하여 동력을 지원한다.	차량이 저·중속 및 고속 정속 주행 시 엔진의 동력만으로 차량을 구동한다.	감속 및 제동 시 버려지는 운동 에너지는 모터를 통해 전기 에너지로 변환하여 배터리에 충전한다.

| 하이브리드 자동차의 작동 원리   〈출처: http://caranddriving.tistory.com/1346〉

다음은 우리나라에서 판매 중인 전기 자동차의 배터리 용량과 주행 거리를 비교한 표이다.

전기 자동차 비교

모델명	회사	배터리 용량(kWh)	주행 거리(Km)
모델3	테슬라	75	499
코나 일렉트릭	현대	64	406
볼트EV	GM	60	383
소울EV	기아	64	386
니로EV	기아	64	385
리프 플러스	닛산	62	364
모델S	테슬라	100	539
아이오닉EV	현대	38.3	271
i3	BMW	37.9	248
모델X	테슬라	100	475
i-페이스	재규어	90	377
e-트론	아우디	95	328
트위지	르노	6.1	55
e-골프	폭스바겐	35.8	233

〈출처: 각 자동차회사 참조(2019년 6월 기준)〉

03 세그웨이

　우리가 쓰는 스마트폰은 기기를 세로 방향으로 하여 영상을 보다가도 가로 방향으로 돌리면 바로 화면이 가로 길이에 맞게 변한다. 이처럼 화면이 자유자재로 자동 회전할 수 있는 것은 무엇 때문일까? 이와 같은 원리를 활용하여 한두 개의 바퀴만 가지고도 넘어지지 않는 탈것을 만들었다면 믿을 수 있겠는가?

　두 바퀴로 달리는 일종의 전동 차량 세그웨이(segway)는 미국의 카멘(Dean Kamen)이 개발한 1인용 수송 수단이다. 세그웨이는 탑승자가 타면 자동으로 균형을 잡으며, 몸의 움직임으로 전진과 후진 및 회전이 가능한 최첨단 스쿠터라고 할 수 있다.

　친환경적이라는 홍보로 유명한 세그웨이는 세상에 등장하기 전부터 많은 주목을 받았다. 세그웨이는 이러한 기대감과 명성으로 공식 판매(2001년 12월 3일)가 되기 전부터 어떤 제품인지 정확하게 공개되지 않았음에도 미국의 인터넷 쇼핑몰(아마존닷컴)에서는 2001년 1월부터 예약 판매 주문을 받을만큼 관심이 매우 컸다.

> **ThinkGen**
>
> 세그웨이는 편리한 개인용 교통수단이지만, 도시에서는 안전을 보장받기 어려운 것이 현실이다. 어떻게 하면 세그웨이를 안전하게 타고 다닐 수 있을까?

▎**다양한 용도로 사용되는 세그웨이** 세그웨이는 몸을 앞으로 기울이면 전진하고, 뒤로 기울이면 후진한다. 멈추고 싶을 때는 가만히 서 있으면 되는 등 조작이 쉬운 이동 수단이다. 또한 전기를 이용하므로 배기가스가 없고, 소음도 없어 환경 친화적이라는 이유로 '미래형 탈것'으로 큰 기대를 모았다. 하지만 출시 후 18개월 동안 고작 6,000여 대가 팔렸을 뿐, 세계적으로 큰 인기를 끌지 못했다. 이런 이유로 2009년에는 미국 시사주간지 타임은 세그웨이를 '지난 10년간 기술적으로 실패한 10대 혁신 제품' 중 하나로 선정하기도 했다.

세그웨이는 무게와 성능에 따라 종류가 다양하다. 기본적인 형태는 한 사람이 서서 타고 충전된 배터리에 의해 움직인다. 보통 5시간 정도 충전하면, 최고 20㎞/h 내외의 속력으로 25㎞ 정도를 주행할 수 있다. 아울러 기본형의 바퀴는 2개로 이루어졌으며, 탑승자의 움직임에 따라 센서가 100분의 1초 단위로 측정하여 방향과 속도를 결정한다.

질문이요 세그웨이는 어떻게 중심을 잡을까?

세그웨이는 자이로스코프(gyroscope) 센서와 경사 감지 센서를 통해 중심을 잡는다. 세그웨이의 조종 박스 안에는 자이로스코프 센서를 응용해서 만든 균형 감지 장치가 들어 있다. 그리고 가속 센서의 역할도 중요한데, 이 센서는 균형을 잡는 과정에서 넘어지지 않도록 모터를 작동시켜 주는 역할을 한다.

자이로스코프 센서 세그웨이는 5개의 자이로스코프 센서로 제어되는데, 이 센서는 전차의 자세 안정 장치, 비행기의 평형 유지 장치, 미사일의 방향 제어 장치 등은 물론 스마트폰이나 게임 리모컨 등에서도 사용되고 있다.

아하 그렇구나 세그웨이를 발명한 카멘의 또 다른 발명품은 무엇인가?

세그웨이를 발명한 카멘은 어린 시절 조명 장치를 개발하여 판매해서 돈을 벌기 시작했다. 20세인 1970년대에는 휴대용 인슐린 펌프를 개발하기도 했으며, 이후에는 FIRST라는 로봇 제작 경연 대회를 직접 개최하여 이 대회가 세계적인 로봇 경연 대회로 성장하는 데 기여하기도 했다.

그는 세그웨이를 발명하기 전에는 계단을 올라갈 수 있는 휠체어를 발명하였는데, 이 연구에 투자한 존슨앤존슨(Johnson & Johnson) 회사에서 아이봇(iBOT)이라는 제품으로 판매하기도 했다.

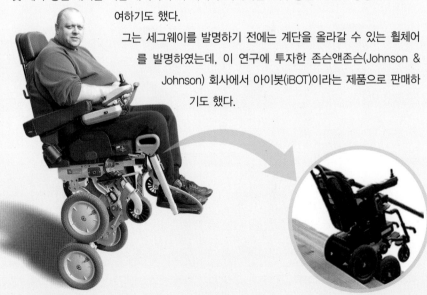

| 계단을 오르내리는 휠체어 아이봇

04 자율 주행 자동차

1962년 개봉된 이후 20여 편이 넘는 시리즈 영화로 유명한 '007시리즈'와 1982년부터 TV로 방영되었던 드라마 '전격 제트 작전' 시리즈에서는 첨단 기능이 접목된 자동차나 스스로 작동하는 자율 주행 자동차가 꼭 등장한다. 오래전부터 상상해왔던 자율 주행 자동차가 현재 상용화 단계에 있다고 한다. 언제쯤이면 자율 주행 자동차를 사람들이 자유롭게 탈 수 있을까?

오늘날 자동차는 사람들의 일상에서 꼭 필요한 필수품으로 자리잡고 있다. 과학 기술이 발달하면서 사람들은 자동차가 스스로 알아서 운전하는 자율 주행 자동차를 꿈꿔왔다.

1977년 일본 츠쿠바 기계공학연구소에서 30km/h 정도로 운행할 수 있는 자율 주행 자동차를 제작하였고, 1986년 독일의 딕맨스(Ernst Dieter Dickmanns) 교수 연구팀은 일반 도로를 100km/h 속도로 달릴 수 있는 자율 주행 자동차를 제작했다. 이를 계기로 딕맨스는 유럽 위원회에서 '프로메테우스'라는 프로젝트로 연구비를 지원받았으며, 8년간의 프로젝트 기간 동안 자율 주행 자동차와 관련된 많은 기술을 발전시켰다. 최종 시연에서는 벤츠 S500 2대를 자율 주행 자동차로 등장시켜 130km/h의 속도로 주행했는데, 이때 다른 자동차를 피하면서 추월하는 능력까지 선보였다.

ThinkGen

자율 주행 자동차가 우리 생활에 보편적으로 사용되려면 많은 시간이 걸릴 듯하다. 우리가 자율 주행 자동차를 안전하게 사용하기 위해 가장 먼저 해결해야 할 자동차의 기능은 무엇일까?

| 자율 주행 자동차의 주행을 시연하는 딕맨스 연구팀

구글(Google)에서는 2009년부터 도요타의 차량을 개조한 자율 주행 자동차를 개발하여 시험 주행까지 성공했다. 이 차는 구글 지도를 바탕으로 카메라, 프로그램, 위성 항법 장치(GPS), 센서 등을 이용하여 주행한다. 그리고 2014년 5월에 공개한 시제품은 다른 회사 차량을 개조한 것이 아니고, 자체 제작한 2인승 소형차로 운전대 · 브레이크 · 가속 페달이 없는 자동차였다.

2014년 공개한 구글 자율 주행 자동차 비디오카메라, 방향 표시기, 인공 지능 소프트웨어, GPS, 여러 가지 센서 등을 기반으로 작동하며, 구글의 지도와 지형 정보를 활용하여 스스로 길을 예측하며 주행한다. 이때 사람 눈으로는 볼 수 없는 수㎞ 앞의 도로 상황까지 파악할 수 있다.

현재 활용되는 각종 자동차의 기능에는 자율 주행 자동차를 개발하면서 발명한 기술들이 접목되어 있다. 이를테면 장애물이 나타나면 멈추는 기능, 차선 이탈 경보 기능, 자동 주차 기능, 일정한 속도로 주행하는 크루즈 기능 등이 그것이다. 앞으로 십 수 년이 지난 후에는 도로 이곳저곳에서 안전한 자율 주행 자동차들이 주행하고 있을 것으로 예측된다.

아하 그렇구나

드라마 속 자율 주행 자동차의 성능은?

1982년부터 미국에서 방영했던 나이트 라이더(Knight Rider)는 주인공과 함께 첨단 기능의 자율 주행 자동차가 등장하여 시청자로부터 많은 사랑을 받았던 드라마이다.

우리나라에서는 '전격 Z작전'으로 소개되어 1985년부터 방영된 적이 있다. 이 드라마는 주인공인 '마이클'이 특수 컴퓨터 장치를 장착한 자율 주행 자동차 '키트'와 함께 악당을 물리치는 내용이다. 드라마에서 놀라운 자동 운전 기능을 보여준 '키트'는 GM의 자동차를 개조하여 자율 주행 자동차로 출연했지만, 실제 우리가 기대하는 자율 주행 자동차의 기능을 갖춘 차는 아니었다.

05 초음속 비행기

　기술은 새롭게 생기는 욕구나 문제점을 해결하면서 더욱 뛰어난 기술로 발달한다. 인간은 하늘을 빠르게 날고 싶어 하고, 가장 빠른 자동차를 원하기 때문에 관련 기술들도 점점 더 발달하고 있다. 비행기의 역사에서 더 빠르게 날고자 하는 희망이 탄생시킨 비행기로는 어떤 것이 있을까?

　소리는 공기 중에서 대략 340m/s의 속도로 전달되며, 시간당 1,224㎞를 간다. 그런데 시속 1,224㎞보다 더 빠르게 날아가는 비행기를 초음속 비행기라고 한다.

　과거에 동력 비행기를 이용하여 초음속으로 비행했던 경험은 제2차 세계대전 당시 프로펠러가 달린 전투기로, 높은 하늘에서 급강하할 때 음속에 도달할 수 있었다고 한다. 또 역사적인 공식 기록으로 보면, 1947년 10월 미국 공군 예거(Charles Elwood Yeager)는 로켓 추진 비행기인 'Bell X-1'을 타고 수평으로 모하비 사막 위를 비행하였는데, 마하 1.06의 속도로 음속을 돌파했다고 한다. 그리고 초음속 비행기가 1968년 상업용으로 실용화된 것으로는 구소련의 TU-144와 프랑스가 주도하여 영국과 공동 개발한 1969년의 콩코드(concorde)가 있다.

| 구소련의 초음속 비행기 TU-144

　TU-144는 1970년에 마하 2를 넘어서면서 1977년 모스크바와 알마아타를 오가는 정기 운항을 시작하였지만, 1978년 6월에는 운항을 중단했다. 콩코드도 1970년에 마하 2를 넘어섰으나 1976년에는 에어프랑스와 영국 항공의 정기노선에 취항하였다가 2003년에 들어와서는 운항을 중단했다.

| 프랑스의 콩코드 여객기(위)와 보잉 747 여객기(아래) 여객기 콩코드의 특징 중 독수리처럼 날카롭게 구부러진 앞코가 처음에는 공중으로 떠오르는 양력을 유지하기 위해 앞부분을 길게 설계했었다. 하지만 비행기가 활주로에서 뜨고 내릴 때 이 부분이 시야를 가리는 문제가 생겨 이를 보완하고자 이착륙 때는 앞코를 아래쪽으로 구부러지는 형태로 바꾼 것이 콩코드의 개성이 되었다.

질문이요 콩코드와 TU-144 두 여객기의 운항 중단 이유는 무엇 때문일까?

정확하지는 않으나, 비행기 자체가 가늘기 때문에 실내 공간이 좁고, 초음속이기 때문에 공중 급유를 하기에 곤란하여 운항 거리가 짧을 수 밖에 없었다는 것과 비행 중에 연속적으로 발생하는 소음 등이 문제가 되었을 것으로 추측되고 있다.

극초음속 비행기

극초음속 비행기는 비행 속도가 마하 5 이상을 넘는 비행기를 지칭하는데, 2011년에 마지막 비행을 한 우주 왕복선과 대륙 간 탄도 미사일 정도가 현재까지 알려진 극초음속 비행체라고 볼 수 있다.

ThinkGen
극초음속 비행기가 여객기로 사용되려면 앞으로 해결해야 할 문제는 어떤 것이 있을까?

물론 미국·중국·러시아·인도 등의 국가에서는 극초음속 비행기에 관한 연구 개발을 실시하고 있으며, 몇몇 나라는 실험에 성공했다는 뉴스도 들리고 있다. 최근 유럽항공방위우주산업 EADS가 개발하고 있는 '제스트'라는 항공기는 3단계 엔진이 핵심으로 궤도에 따른 단계별 엔진 가동을 통해 마하 4로 알려진 음속의 4배 이상인 시속 3,000마일(약 4,828km)의 극초음속으로 날 수 있다고 한다. 아울러 소음이 거의 없으며, 수소와 산소의 혼합물이 동력으로 추진되어 공해 물질이 거의 발생하지 않는 친환경 항공기라고 한다.

한국의 초음속 고등 훈련기 T-50

대한민국이 2001년에 자체 개발한 T-50 초음속 고등 훈련기, 이를 더 발전시켜 2013년부터 생산한 초음속 다목적 경전투기 FA-50은 우리나라 공군에 배치되어 초음속 비행기로 제 몫을 다하고 있다.

| 초음속 고등 훈련기 T-50 골든 이글
(Golden Eagle) T-50에 붙은 골든 이글이라는 애칭은 검독수리에서 따온 명칭이다.

〈출처: 대한민국공군〉

T-50의 * 제원과 성능

항목		T-50 고등 훈련기 APT(Advanced Pilot Trainer)
기체 운용 특성		낮은 운용 유지비
제원	탑승 가능 승무원 수	2명
	주 날개 후퇴각	35도 (초음속 설계)
	날개 면적	23.69㎡
	공허자중	6.454톤 (= 내부 연료 2.45 + 6.454)
	최소 이륙 중량(clean)	13.5톤 (= 무장 4.53 + 8.9)
	내부 연료	2.5톤
	엔진	제네럴일렉트릭 F404-GE-102
	추력	8.04톤
성능	최고 속도	마하 1.5+
	중력 가속 허용치	-3 ~ 8.3G (선회 중력 6.5G)
	지속 선회율	14.5도/s (15,000ft E-M차트), F-16에 근접
	상승률	12070m/분
	실용 상승 한도	14.8km (48,500ft) / 애프터버너 사용 시 55,000ft
	실속 속도	105KTS (195km/h) - A - 10A는 220km/h
	이륙 · 착륙 활주 거리	345m / 707m
	항속 거리	항속 거리 1000nm(내부 연료)/최대 항속 거리 1400nm(외부 연료 탱크), 작전 반경 444km(230nm, 센터 연료 탱크 + AIM-9(2) + AGM65(2))
	기체 수명	8,000시간
	외부 연료통	150 gal × 3

*
재원 기계류를 이루는 각 부품의 치수나 무게 따위의 성능과 특성을 나타낸 수적 지표이다.

06 호버크라프트

예전부터 사람들은 땅뿐만 아니라 물 위에서도 달릴 수 있는 자동차를 만들고자 했다. 모래밭이나 진흙이 많은 곳은 자동차 주행이 힘들다. 특히 수심이 얕은 곳이나 늪지대는 배나 자동차도 다니기가 곤란하다. 미래의 자동차는 이러한 문제들을 해결할 수 있을까?

지면이 아무리 악조건이라도 잘 달릴 수 있는 수송 수단을 생각하면서 세상에 등장한 것이 바로 호버크라프트(hovercraft, 공중부양정)이다.

호버크라프트는 차체 밑에 있는 공기주머니에서 높은 압력의 공기를 뿜어 내어 뜨게 되는데, 뒤쪽에 프로펠러를 달아 지면에 떠 있는 상태에서 앞으로 나갈 수 있도록 만들었다. 미국에서는 GEM(Ground Effect Machine), 유럽에서는 ACV(Air-Cushion Vehicle)라고 부르기도 하지만, 대부분 사람들은 영국에서 생산되었을 때의 상표명인 호버크라프트를 사용한다.

| 일반적인 형태의 레저용 호버크라프트 땅 · 강 · 바다 위와 같은 곳에서 달릴 수 있는 자동차이다.

Think Gen

보통 호버크라프트는 뒤쪽의 회전 날개의 움직임에 의해 앞으로 나가는 추진력을 얻는다. 뒤쪽에 회전 날개가 있을 경우 도시에서는 배출되는 바람 때문에 사용할 수 없다. 그렇다면 뒤쪽에 회전 날개를 달지 않고도 앞으로 쉽게 나갈 수 있는 방법은 없을까?

영국의 코커럴(Christopher Sydney Cockerell)은 배가 운항할 때, 물의 저항을 줄이면서 빠르게 갈 방법을 연구하다가 호버크라프트의 원리를 알아냈다. 그는 1959년 최초의 시험용 호버크라프트를 제작하였으며, 나중에는 호버크라프트 제작회사를 설립하였다. 호버크라프트는 영국에서 개발되었기 때문에 영국과 프랑스 사이에 있는 도버 해협(칼레 해협)에 취항하였으며, 미국에서는 주로 군용으로 개발되어 사용되고 있다.

우리나라의 경우에는 레저용으로 수입하여 사용하고 있으나 가격이 비싸 널리 보급되지 못하고 있으며, 해군에서는 호버크라프트를 도입하여 군사 작전에 활용하고 있다.

최근에는 배 모양이 아닌 자동차 모양의 호버크라프트도 제품으로 등장하고 있으며, 기존 제품이 시속 90km 내외인데 비해 120km/h 이상의 속도로 더 빠르게 나아갈 수 있도록 개발된 제품도 있다.

| 자동차 형태의 호버크라프트

호버크라프트의 원리와 장점은 무엇일까?

호버크라프트의 원리는 의외로 단순하다. 선체 상부에서 바람을 일으킨 것을 바닥으로 보내 선체를 띄우면, 뒤쪽 회전 날개의 추진력에 의해 앞으로 나아가는 원리이다.

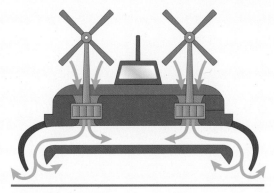

호버크라프트의 장점
- 고속으로 보통 선박보다 4~5배 정도 빠르다.
- 땅과 물 위 등 어디에서나 달릴 수 있는 수륙 양용 자동차이다
- 승객은 다른 선박에 비해 심리적 안정감을 가진다.
- 제작이나 정비를 할 때 장소에 구애받지 않는다.
- 특별한 항만 설비를 필요로 하지 않으며, 일반 해변에서도 사용할 수 있다.

주브르 러시아에서 제작한 주브르는 세계에서 가장 큰 호버크라프트로 150톤급의 3대 주력 전차 또는 10대의 장갑 수송 차량, 140명의 병력을 수송할 수 있다.

호버크라프트
(공중부양정)

호버크라프트는 일반 선박보다 빠르고 수륙양용이 가능하여 바다와 육지 이외에도 강과 하천, 갯벌, 늪지, 빙판 등에서도 자유롭게 이동할 수 있다. 제작비용이 비싸고 유지하기가 어려워 군사용이나 재난 구조와 같은 특수 목적에 활용되었으나 근래에는 레저용으로도 활용되고 있다.

| 해양 미국의 군용 호버크라프트 'LCAC(Landing Craft Air Cushion, 공중부양정)'

| 얼음 위를 달리는 아이스 호버크라프트

07 위그선

1982년부터 KBS에서 방영했던 애니메이션 '미래 소년 코난'(1978년 일본 제작)에는 수면 위를 스치듯 날아가는 비행선이 등장한다. 이 애니메이션은 1970년에 쓰인 소설을 만화 영화로 제작한 것인데, 여러분도 이 만화에 등장하는 수송 수단을 보면 놀라지 않을까?

지상에서는 자동차, 하늘에서는 비행기가 좀 더 빠른 속도를 내기 위해 노력했다면 바다에서는 배가 도전해 왔다. 일반적인 배는 자동차보다 느리지만, 과학 기술이 발전하면서 자동차나 비행기 이상으로 빠른 배가 등장하기 시작했는데, 이것이 바로 위그선(WIG; Wing In Ground craft)이다. 영어 약자로 GEV(Ground Effect Vehicle)라고도 부른다.

위그선은 1960년대 구소련과 독일 등에서 개발되었지만 일반인에게는 공개되지는 않았고, 1976년 미국의 첩보 위성이 해상에서 550km/h로 이동하는 구소련의 괴물체를 발견하면서 세상에 알려졌다. 이 선박은 물위를 빠른 속도로 앞으로 나아가는 선박 기술과 수면 위로 일정하게 뜨는 항공 기술이 만나 탄생한 최첨단 선박이다.

ThinkGen

국제해사기구(IMO)에서 위그선을 선박으로 분류하고 있지만, 많은 전문가들은 선박보다는 항공기로 분류해야 한다고 주장한다. 이는 항공 기술이 절반 이상을 차지하기 때문에 논란이 많은 것이다.
위그선은 과연 어떤 종류로 분류하는 것이 좋을까?

| **중국에서 개발된 위그선** 시속 200㎞의 속도로 2시간 가량 바다 위를 떠 다닐 수 있다.

위그선은 우리나라 해안을 운항하는 국내선 여객기의 비행 속도가 평균 700~800km/h 내외이므로, 비행기에 버금가는 수송 수단이라 할 수 있다. 위그선의 장점은 파도가 약간 일어도 운항할 수 있으며, 흔들림이 없어 배멀미가 나지 않는다. 아울러 기존의 부두와 항

만을 그대로 사용할 수 있고, 관광이나 화물 운송, 해상 수색과 구조 등 다양한 목적으로 활용할 수 있기 때문에 장래가 매우 밝은 차세대 해양 운송 수단이다.

특히 연료비도 보통 항공기의 절반 수준으로 절감할 수 있으며, 물 위를 1.5m 정도 떠서 가기 때문에 항공기 승선감으로 타운송 수단에 비해 높은 안정성과 수송 효율이 높다.

질문이요 위그선을 '해면효과익선'이라고 부르기도 하는데, 그 이유는 왜일까?

위그선은 해수면 바로 위에서 양력이 증가하는 해면 효과를 이용한 비행체이다. '날아다니는 배'라는 의미로 해면효과익선이라고 부르기도 한다. 처음에는 수면 위를 날아다닌다는 이유로 선박이냐 비행기냐를 가지고 논란이 많았으나 1990년대 말 국제해사기구(IMO)에서 선박으로 분류하면서 지금은 배의 한 종류로 구분하고 있다.

우리나라에는 1993년 한 · 러의 과학 기술 교류 사업을 통해 러시아의 위그선 기술이 들어왔다. 경남 사천에 위치한 아론비행선박산업에서는 2014년 국내에서 자체 제작한 위그선을 미국에 이어 말레이시아에도 수출하였다. 이 회사는 세계 최초로 고도 상승이 가능한 위그선을 개발하였으며, 수출하는 모델은 평균 280㎞/h의 속도를 낼 수 있는 300마력 엔진을 탑재하고 있다.

| 2017년 상용화를 목표로 하여 개발 중인 위그선 Aron M300(중형급 모델)

〈출처: www.aron.co.kr〉

O8 인공위성

1999년에 상영되었던 영화 '옥토버 스카이'(October Sky, 1999년)는 구소련이 첫 인공위성 스푸트니크 호 발사에 성공하는 것을 본 탄광촌의 아이가 자신의 어려운 환경에 굴하지 않고, 로켓 제작에 대한 꿈을 키워가는 내용이다. 이 영화는 항상 청소년 추천 영화 목록에서 빠지지 않는 것으로 유명하다. 우주항공 기술에 관심이 있다면 한 번쯤 찾아서 관람해 보면 어떨까?

우리의 생활에서 인공위성을 빼놓고 이야기하는 것은 큰 무리가 있다. 왜냐하면 텔레비전 · 전화 · 인터넷 · 스마트폰 · 내비게이션 · 자동차 · 비행기 · 선박 등 대부분의 제품들이 인공위성과 관련 있기 때문이다.

인공위성은 특정 목적을 가진 로켓을 지구 주위에 쏘아 올려 규칙적으로 공전하게 하는 인공 물체를 뜻한다. 1957년 10월 4일 구소련에서 발사한 지름 58cm, 무게 83.6kg의 스푸트니크(Sputnik)호가 최초로 쏘아올린 인공위성이다. 이것은 미국과 소련 간에 본격적인 우주 경쟁의 시작을 알리는 신호탄이었다.

> **Think Gen**
>
> 인공위성의 비행에는 동력을 사용하는데, 인공위성의 수명을 결정하는 가장 중요한 부분이 바로 전원 장치이다. 어떻게 하면 인공위성의 수명을 늘릴 수 있을까? 또 어떤 전원 장치를 사용하면 수명이 길어질까?

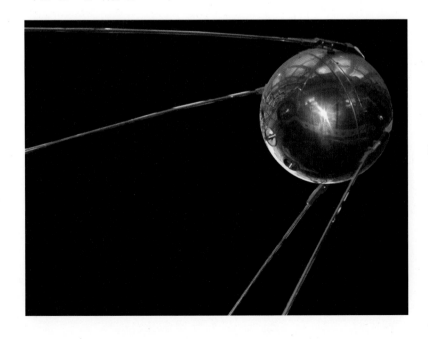

최초의 인공위성 스푸트니크 1호 러시아어로 '동반자'라는 뜻을 가진 스푸트니크 1호는 83.6kg의 캡슐로 지구에서 가장 먼 지점은 942km, 가장 가까운 지점은 230km인 지구 궤도를 96분마다 한 바퀴씩 돌았다. 하지만 발사 석달 만인 1958년 초 지구 대기권으로 진입 후 떨어져 불에 타 사라졌다.

이후 1970년대 후반부터 인공위성의 전성기를 맞이하여, 세계 여러 나라가 인공위성 개발과 발사에 공을 들여왔다. 2016년까지 추가 작업을 하는 국제 우주 정거장(ISS; International Space Station)은 1998년부터 건설된 것으로 길이 108m, 폭 88m의 초대형 인공위성이다. 우리나라는 1992년 8월 11일에 무게 48.6kg의 우리별1호를 처음으로 쏘아 올렸다.

인공위성은 지구 지표면 촬영, 환경 감시, 기상·해양 관측, 통신, 항법(*GPS), 군사·첩보, 과학 실험, 천문 관측 등의 임무를 수행한다. 쏘아 올린 인공위성의 수명은 배터리와 태양 전지 전자 장비 및 동력 부분 등의 노화 정도에 따라 결정되는데, 짧게는 1~2년부터 길게는 10~20년까지 매우 다양하다. 아울러 인공위성은 7.9~11.2 km/s의 속도로 비행한다. 이때 7.9km/s 미만으로 비행하면 지구에 추락하고, 11.2km/s를 초과하면 지구 궤도를 탈출하여 태양 주위를 도는 행성이 된다.

| 우리별1호 우리나라 최초의 인공위성으로 지구 표면 촬영 및 음성 자료와 화상 정보 교신 등의 실험을 수행했다. 계속해서 2호, 3호 순으로 개발되었으며, 이후에는 과학 기술 위성 등으로 명칭이 바뀌면서 발전하고 있다.

인공위성이 공전하는 길을 궤도라고 하는데, 궤도는 다시 저궤도, 중궤도, 정지 궤도로 나눌 수 있다. 이때 지상 500~1,500km 사이의 궤도를 저궤도, 5,000~20,000km 사이의 궤도를 중궤도, 적도 상공의 지상 35,800km 궤도를 정지 궤도라고 한다. 정지 궤도 위성은 지구의 자전 주기와 같아서 함께 움직이기 때문에 안테나와 같은 수신 장치를 움직일 필요가 없다. 그렇기 때문에 대부분의 통신 위성과 방송 위성은 정지 궤도 위성이다.

질문이요 인공위성의 궤도 선택은 왜 필요한가?

저궤도와 중궤도 사이, 중궤도와 정지 궤도 사이에는 각각 제1밴알렌대(Van Allen Belt), 제2밴알렌대가 있어서 인공위성의 운용에 적합하지 않다. 왜냐하면 밴알렌대는 지구 자기 축에 고리 모양으로 지구를 둘러싸고 있는 강한 방사능 층으로, 전하 밀도가 높아 인공위성의 운용이 곤란하기 때문이다.

* ─────

  GPS(Global Positioning System) 인공위성을 이용하여 위치를 알려주는 체계나 장치. GPS는 24개의 인공위성이 지구 주위를 6면 궤도로 돌면서 신호를 보낸다. GPS 위성은 20,200㎞ 상공에서 약 12시간마다 지구를 한 바퀴씩 돌고 있다고 한다.

우리나라의 인공위성

우리나라는 1992년에 최초로 인공위성 우리별1호를 발사한 이후, 세계 22번째 인공위성 보유 국가에 진입하였다. 다음은 우리나라에서 개발된 인공위성들이다.

구분	발사 시기	무게	특 징
우리별1호(KISTAT-1)	1992년 8월	48.6kg	400m 해상도
우리별2호(KISTAT-2)	1993년 9월	47.5kg	200m 해상도
우리별3호(KISTAT-3)	1999년 5월	110kg	15m 해상도
과학기술위성1호(STSAT-1)	2003년 9월	106kg	원적외선 영역의 천체 관측, 과학 실험용
과학기술위성2호(STSAT-2C)	2013년 1월	100kg	지구 대기와 정밀 궤도 연구
과학기술위성3호(STSAT-3)	2013년 11월	170kg	근적외선 카메라 탑재, 우리 은하와 지구 관측
나로과학위성(STSAT-2C)	2013년 1월	100kg	우주 공간의 환경 탐사
무궁화1호(Koreasat 1)	1995년 8월	1,464kg	정지 궤도, 통신 방송 위성, 2010년 홍콩 ABS에 매각
무궁화2호(Koreasat 2)	1996년 1월	1,464kg	정지 궤도, 통신 방송 위성, 2010년 홍콩 ABS에 매각
무궁화3호(Koreasat 3)	1999년 9월	2,800kg	정지 궤도, 통신 방송 위성, 2010년 홍콩 ABS에 매각
무궁화5호(Koreasat 5)	2006년 8월	4,500kg	정지 궤도, 민간 군사 겸용 통신 위성
무궁화6호(올레1호, Koreasat 6)	2010년 12월	2,850kg	정지 궤도, 무궁화 3호 대체 위성
무궁화 7호(Koreasat 7)	2017년 5월	3,600kg	정지 궤도, 통신 방송 위성
무궁화 5A호(Koreasat 5A)	2017년 10월	3,700kg	정지 궤도, 통신 방송 위성
아리랑1호(KOMPSAT-1)	1999년 12월	470kg	6.6m 해상도, 다목적실용 위성
아리랑2호(KOMPSAT-2)	2006년 7월	800kg	1m 해상도, 다목적실용 위성
아리랑3호(KOMPSAT-3)	2012년 5월	1,000kg	정밀 카메라 탑재
아리랑 5호(KOMPSAT-5)	2013년 8월	1,315kg	전천후 관측 영상 레이더(SAR) 탑재
아리랑3A호(KOCMOTPAC)	2015년 3월	1,100kg	고성능 적외선 센서 및 전자 광학 카메라 탑재
아리랑 6호	2020년 예정	1,750kg	영상 레이더(SAR) 탑재 예정
아리랑 7호	2021년 예정	미공개	고해상도 전자 광학 카메라(AEISS-HR) 탑재 예정으로 3A호의 후속
천리안위성 1호(COMS)	2010년 6월	2,500kg	정지 궤도, 해양 환경/기상, 통신 위성
천리안위성 2A호	2018년 12월	3,507kg	정지 궤도, 기상 관측 위성
천리안위성 2B호	2020년 2월	3,400kg	정지 궤도, 미세먼지, 해양·환경 관측 위성
한누리1호(HAUSAT-1)	2006년 7월	1kg	한국항공대에서 개발한 10㎤의 초소형 인공위성, 로켓 발사 실패

(2015년 3월 기준)

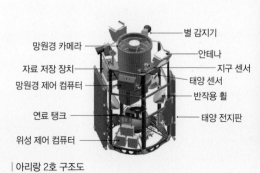

망원경 카메라
자료 저장 장치
망원경 제어 컴퓨터
연료 탱크
위성 제어 컴퓨터
별 감지기
안테나
지구 센서
태양 센서
반작용 휠
태양 전지판

| 아리랑 2호 구조도

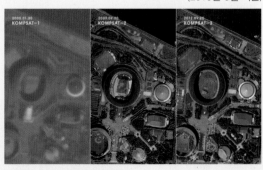

| 아리랑 1, 2, 3호가 촬영한 영상

〈출처: 항공우주연구원〉

09 국제 우주 정거장

인간은 우주 공간에 마련된 우주 정거장 안에서 얼마나 오랫동안 살 수 있을까? 일상의 생활 조건만 맞는다면 그곳에서 인간이 꾸준히 살 수 있는 수명은 어느 정도일까? 또한 우주 정거장에는 중력의 작용이 약한데, 지구에서 살아가는 사람보다 더 오래 살 수 있을까?

국제 우주 정거장(ISS; International Space Station)은 1998년 11월 20일 로켓 발사를 시작으로 미국과 러시아를 비롯한 세계 여러 나라가 참여하여 건설된 다국적 연구용 우주 정거장이다. 처음 계획은 2010년까지 완공하여 최소한 2016년까지 사용할 예정이었기에 2011년 12월 다목적 연구실과 유럽 로봇팔을 장착하는 작업이 끝이었다. 하지만 2011년 4월 러시아가 3개의 모듈을 추가하여 2016년까지 완공한 후 2020년까지 사용 기간을 연장하였다.

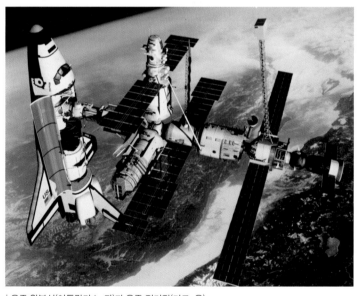

| 우주 왕복선(아틀란티스, 좌)과 우주 정거장(미르, 우)

ThinkGen

국제 우주 정거장은 여러 국가들이 엄청난 비용과 시간을 들여 건설한 곳이다. 그런데 예정 사용 기간이 앞으로 10여 년 정도밖에 남지 않았다고 한다. 이곳의 수명을 연장시키려면 어떻게 해야 할까? 가장 경제적인 방법을 생각해 보자.

질문이요 우주 정거장에서는 어떤 일을 할까?

우주 정거장은 사람이 우주 공간에 일정 기간(몇 주에서 몇 년) 머물 수 있게 만든 구조물로, 고정된 궤도를 선회하면서 다양한 과학 관측 및 실험, 우주선에 연료 보급, 위성·미사일 발사 등을 위한 기지로 쓰인다.

인류 최초의 우주 정거장으로는 구소련이 발사한 살류트가 있다. 1971년 4월에 처음 쏘아 올린 살류트 1호는 우주 정거장 설치에 실패했지만, 이후(1974~1982년) 더 소형화된 살류트 3호에서 7호까지를 궤도에 진입시키는 데 성공하였다. 이를 기반으로 구소련은 1986년에 2월에는 승무원을 태우고 궤도를 도는 새로운 우주 정거장 2세대 미르(Mir)를 발사했다.

미르는 1996년까지 실험 장치 등을 추가 설치하여 사용했으며, 지구를 88,000여 바퀴 돌면서 12개국 우주인 104명이 이곳에서 과학 실험을 하였다. 그러나 소련이 붕괴되면서 재정 지원이 줄고 미르 또한 낡고 수명이 다하여 2001년에 태평양으로 추락시켜 폐기하였다.

세계 각국은 처음부터 국제 우주 정거장을 건설할 계획은 아니었다. 원래 미국은 미르에 대항할 프리덤 우주 정거장을 계획하였고, 러시아는 미르 2를 계획했다. 이러한 계획들에 일본의 키보연구실 모듈과 유럽의 콜럼버스연구실 모듈 등 16개국의 계획과 투자가 합쳐지면서 국제 우주 정거장을 세우기로 합의한 것이다.

국제 우주 정거장의 구조는 크게 러시아 영역과 미국 영역으로 나뉜다. 러시아 영역은 전체에 대한 항법·통제·추진 기관·생명 유지 장치 등을 담당하고 있다. 미국 영역은 실험실·일본과 유럽 국가 장치·태양전지판·산소 발생기·화장실 등을 담당한다.

국제 우주 정거장은 저궤도에 속하는 350㎞에 떠 있어 지상에서 육안으로도 볼 수 있다고 한다. 아울러 비행 속도는 27,743.8㎞/h 정도이며, 지구를 매일 15.7바퀴씩 돌고 있다.

아하
그렇구나

국제 우주 정거장 사업에 참여한 나라는 어디?

국제 우주 정거장 운영에 참여한 나라는 16개국(미국, 러시아, 프랑스, 독일, 이탈리아, 영국, 캐나다, 일본, 벨기에, 덴마크, 스웨덴, 스페인, 노르웨이, 네덜란드, 스위스, 브라질)이다.

우리나라는 2000년 미국의 우주 관측 장비 제작에 관한 제안을 했으나 예산을 확보하지 못해 무산되었고, 2001년에도 실험 모듈 건설을 제안 받았으나 역시 예산 확보 문제로 포기하였다. 그 이후에는 우리나라가 미국이나 러시아에 서너 차례 참여 제안을 원했지만, 직접적인 사업 참여는 이루어지지 않고 있다.

국제 우주 정거장 변천사

이곳에서는 다양한 우주 실험, 지구 관측, 무중력 상태에서의 인간 활동 및 인체 변화 등을 연구하고 있다.

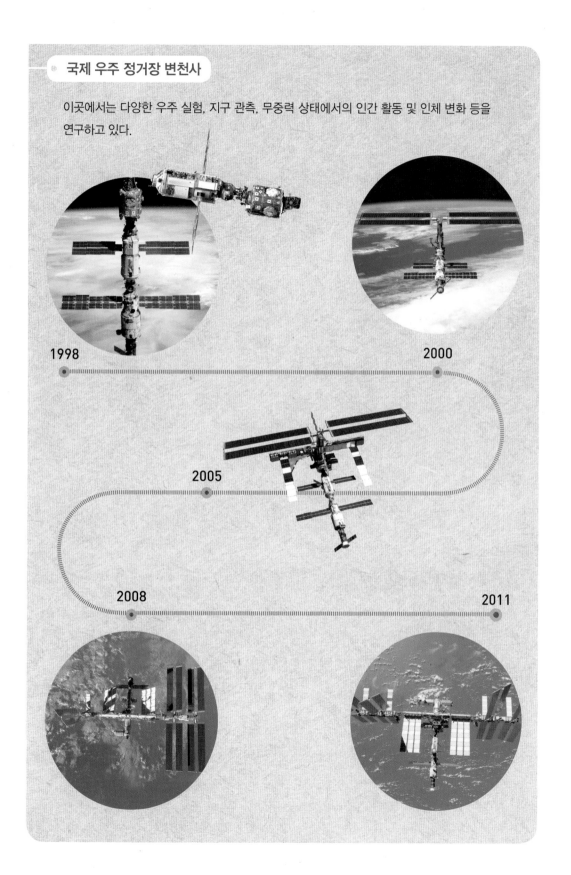

1998

2000

2005

2008

2011

10 우주 엘리베이터

사람들은 비행기로 하늘을 날기 시작하면서 좀 더 먼 우주를 여행하기 위해 로켓과 우주선을 발명하고 발전시켰다. 우주 왕복선은 엄청난 비용 문제로 2011년에 운항을 포기한 상태이고, 차선책으로 우주여행을 위한 소형 우주선과 우주 엘리베이터를 개발하려는 노력을 기울이고 있다. 과연 우주 엘리베이터를 타고 올라가 우주여행을 할 수 있을까?

과학자들은 소형 우주선과 더불어 적은 비용으로 우주여행을 즐길 수 있는 방안으로 우주 엘리베이터(Space Elevator)를 구상했다. 이에 1895년 러시아의 과학자 치올콥스키(Konstantin Eduardovich Tsiolkovsky)는 파리의 에펠탑을 우주 공간으로 향하는 탑으로 연상하면서 우주로 올라가는 승강기인 우주 엘리베이터라는 용어를 사용한 것이 그 시작이다.

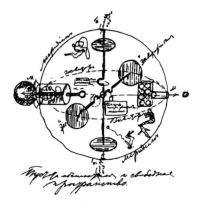

| **치올콥스키와 그가 스케치한 우주선 관련 스케치** 치올콥스키는 폴란드계 러시아인으로 로켓 과학자이면서 러시아 우주 계획의 선구자이다.

2000년 미국의 항공우주국(NASA)의 우주 엘리베이터에 관한 연구가 발표되면서부터 사람들에게도 알려지기 시작했다. 적도에 있는 40㎞ 이상의 탑에서 지구 궤도까지 올라갈 수 있다는 것이 주된 내용이었다. 우리에게 익숙한 우주 엘리베이터 디자인은 2003년 11월 미국의 에드워드(Bradley C. Edwards) 박사가 제안한 것으로 알려져 있다.

만약, 우주 엘리베이터로 지구에서 지구 궤도까지의 높이를 오가려면 강철보다 100배 이상 강한 재료를 사용하며 엘리베이터와 밧줄을 만들 수 있어야 하고, 40㎞ 이상되는 높이의 탑을 세울 수 있어야 한다. 또한 우주 엘리베이터를 고속으로 움직이기 위해서는 고속 철도나 발사체 등에 적용한 전자기 추진체 기술을 안정적으로 우주 엘리베이터에 장착할 수 있어야 한다. 최근 들어서는 강철보다 180배 강한 탄소 나노 튜브, 그래핀(graphene)

탄소 원자로 이루어져 있으며, 원자 한개의 두께로 이루어진 얇은 막 ✍

등이 엘리베이터의 재료로 주목 받고 있다.

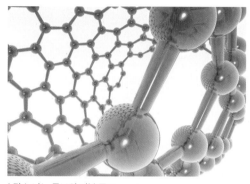

| 탄소 나노 튜브의 기본 구조

2012년 일본의 오바야시(Obayashi) 건설회사는 2050년경까지 탄소 나노 튜브 기술을 이용하여 우주 엘리베이터를 건설하겠다고 발표했다. 이 계획에 따르면 200㎞/h의 속도로 30명의 승객을 태우고 7~8일 정도면 3만 6천㎞ 높이의 정지 궤도 위성까지 갈 수 있다고 한다. 일본은 우주 엘리베이터를 완성하는 데 필요한 금액으로 10조 원 정도를 계산하고 있는데, 이것은 국제 우주 정거장(ISS) 건설비용의 4분의 1에 해당한다.

현재의 로켓 방식으로 1㎏의 물건을 지구 궤도에 올리려면 대략 2천만 원 이상이 들지만, 우주 엘리베이터를 이용할 경우에는 약 20만 원 정도 소요될 것으로 예상된다. 과연 우리 세대가 살아 있는 동안 우주 엘리베이터가 완성될 수 있을지 기대해 볼 만하다.

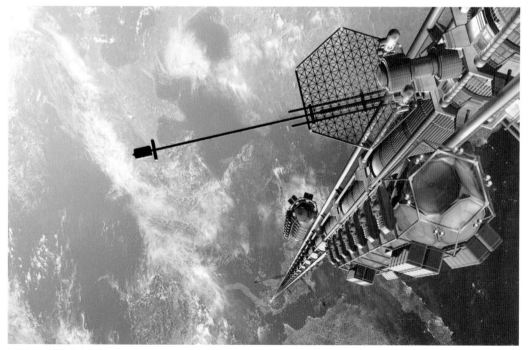

| 우주 엘리베이터의 조감도

토론 현재의 수송 수단이 안고 있는 문제와 미래에는 어떤 수송 수단이 등장할까?

현재의 수송 수단인 자동차·항공기·선박 등은 석유나 가스와 같은 화석 연료를 사용한다. 우리가 수송체에 화석 연료를 사용하는 가장 큰 이유는 현재의 산업 상황에서 구하기 쉽고, 사용이 편리하기 때문이다. 무엇보다 더 큰 이유는 자동차나 선박, 항공기 등에 사용되는 엔진이 화석 연료에 맞게 잘 작동되도록 개발되었으며, 기능 또한 최적화되는 방향으로 기술 발전이 이루어지고 있기 때문이다.

최근들어 새롭게 주목 받고 있는 친환경 자동차 중에 전기 자동차와 연료 전지 자동차 등을 제외한 대부분의 자동차는 석유 계열의 연료로 작동한다. 또한 로켓을 제외한 항공기나 선박 등의 엔진에서도 석유 계열의 연료를 사용하고 있다. 이처럼 현재 수송 수단의 많은 부분에서 화석 연료를 사용한다는 점에서 지구 온난화 및 대기 오염과 같은 환경 문제를 일으키는 주범으로 지목받는 실정이다.

또한 제한된 지상 공간 위에서는 수많은 자동차로 인해 교통난과 주차난을 겪고 있으며, 항공기의 성능이 향상될수록 소음은 오히려 우리에게 더 많은 고통과 스트레스를 준다.

위의 내용이 현재 우리가 사용하는 수송 수단의 모든 문제를 드러낸 것은 아니다. 그렇다면 또 어떤 문제들이 있을까? 아울러 미래에 등장할 수 있는 최첨단의 친환경 수송 수단으로는 어떤 것이 있을까? 또 미래에 등장할 수송 수단은 무엇을 고려하여 개발되어야 할지 생각해 보자.

1 단계 미래에는 어떤 수송 수단이 등장할지 상상하여 마인드맵을 그려 보세요.

 2 단계 현재의 수송 수단들은 어떤 문제를 안고 있을까?

----

 3 단계 현재의 수송 수단을 대체할 수 있는 미래의 수송 수단에는 어떤 것이 있을까?

에너지공학기술자

하는 일 에너지 기술 관련 자료를 분석하고 필요한 시스템이나 장비를 설계 조직한다. 광물 자원은 물론, 석유나 가스 탐사 및 매장량을 조사하고 탐구하는 일을 한다. 자원 매장량과 경제성, 환경적 가능성 등을 위한 예비조사 및 시추와 관련된 일도 겸할 수 있다. 수행 업무에 따라 탐사기술자, 시추기술자, 채광기술자, 선광기술자 등으로 나눈다.

관련 학과 에너지자원공학과, 원자력공학과 등

원자력 연구원

하는 일 우리에게 에너지를 제공하기 위해 사용되는 원자력과 핵의 안전한 이용 방법에 대해 연구하고 개발한다. 안전성과 경제성을 지닌 새로운 핵에너지를 연구하며 원자력 발전소의 안전성도 평가한다. 방사선 폐기물의 안전한 처리 방법에 대해 연구하고, 방사선을 여러 분야에 이용할 수 있는 기술을 개발한다.

관련 학과 원자력공학과 등

자동차공학기술자

하는 일 각종 차량의 차체, 엔진 등의 구성품은 물론, 기계, 전기, 화학 등 관련된 장치를 개발하고 검토·분석하는 일을 한다. 자동차 공학에 알맞은 설계, 각 부품의 정확도, 부품 및 차량의 제조·개조·수리 작업을 감독하고, 자동차의 성능을 시험·평가하며, 제조 공정 중에 발생하는 문제점의 원인을 분석하고 이에 따른 해결책을 제시한다.

관련 학과 기계공학과, 자동차공학과, 자동차과 등

해양공학기술자

하는 일 항만 개발, 임해 공업 단지 개발 등을 위해 전문 지식을 이용하여 기초 자료를 조사·분석하고 해양 환경을 조사·평가·계획한다. 해수의 특성 및 해양 생물의 분포 등을 조사하여 해양 환경도를 작성하고, 해류도를 제작한다. 또한 적조 원인 및 확산 경로 연구, 연안에서의 해류이동 및 에너지 연구 등을 통해 효과적인 방제기술을 개발하고, 조기 탐지 기술을 연구한다.

관련 학과 해양공학과, 해양시스템학과, 해양자원학과, 환경공학과, 환경과학과 등

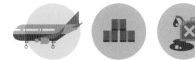

조선공학기술자

하는 일 선박과 해저 자원의 탐사 및 채굴을 목적으로 하는 해양 구조물을 연구하고, 시공 및 관리 등과 관련된 일을 담당한다. 선박 설계의 원리, 선박 설계의 환경 조건 등의 조선 공학 기술을 바탕으로 선박 및 해양 구조물을 설계하고 건조한다. 선박의 기본적인 특성, 구조 등을 개발·연구, 설치하기 등을 위하여 설계 계획안, 설계서 등의 관련 자료를 검토·분석한다.

관련 학과 기계공학과, 조선공학과 등

항공교통관제사

하는 일 항공기의 안전한 이착륙을 돕기 위하여 관제탑에서 항공기의 이륙 및 착륙 신고서를 확인하고, 활주로 및 공항 주변의 기상 상태를 점검하며 항공교통을 통제한다. 접근관제소에서 운항 중인 항공기의 위치와 고도 등을 확인하고, 항로의 상태를 파악하여 항공 운항 등에 대해 안내한다.

관련 학과 교통공학과, 기계공학과, 정보통신공학과, 컴퓨터공학과, 항공우주공학과 등

항공우주공학기술자

하는 일 공기 중을 비행하는 물체 즉, 여객기·전투기·우주선 등의 각종 비행 물체를 설계하고 개발한다. 항공기의 본체나 시스템 및 전자 장비를 설계하고, 실험 연구를 통해 새로운 항공 공학 기술을 개발한다. 다목적 인공위성, 로켓 개발 등과 같은 프로젝트에 참여하여, 기체나 시스템 및 각종 장비를 연구하고 설계한다.

관련 학과 항공우주공학과 등

인공위성개발원

하는 일 우주 탐사, 기상 예보 등의 다양한 목적을 달성하기 위한 인공위성을 연구·개발하는 일을 담당한다. 인공위성 및 그와 관련된 분야에 대한 전문적 지식과 기술을 활용하여 목적에 맞는 인공위성을 연구·개발·설계한다. 인공위성이 궤도에 도달하도록 유도하며, 위성으로부터 보내진 탐사 자료를 분석한다.

관련 학과 우주과학과, 항공우주공학과 등

참고 문헌 및 참고 사이트

참고 문헌

기술사랑연구회, 기술 · 가정 용어사전, ㈜신원문화사), 2007.

미래를 준비하는 기술교사 모임, 테크놀로지의 세계 1, 2, 3, 랜덤하우스코리아, 2010.

박영숙 외, 유엔미래보고서 2040, 교보문고, 2014.

빌 브라이슨, 거의 모든 것의 역사, 까치, 2003.

삼영서방편집부, F1머신 하이테크의 비밀, 골든벨, 2012.

스티븐 파커, 비행기와 날 수 있는 기계들, 한길사, 1999.

오빌라이트, 우리는 어떻게 비행기를 만들었나, 지호, 2003.

월간라디오컨트롤, 화보로 보는 항공발달사, 전파기술정보사, 1999.

자일스 채프먼, DK The CAR BOOK 카북, 사이언스북스, 2013.

잭 첼로너, 죽기 전에 꼭 알아야 할 세상을 바꾼 발명품 1001, 마로니에북스, 2001.

조반니 카다라, 선사시대: 원시인류의 생활과 문화, 사계절, 2006

체험활동을 통한 기술교육 연구모임, 테크놀로지의 세계 플러스 1, 2, 알에이치코리아, 2012.

탈것공작소, 자동차 기차 배 비행기 대백과, 주니어골든벨, 2014.

토머스휴즈, 테크놀로지 창조와 욕망의 역사, 플래닛 미디어, 2008.

퍼시벌 로웰, 내 기억 속이 조선, 조선사람들, 에담, 2001.

해럴드 도른 외, 과학과 기술로 본 세계사 강의, 도서출판 모티브북, 2006.

헨드릭 빌렘 반룬, SHIPS 배 이야기, 아이필드, 2006.

참고 사이트

국가핵융합연구소 www.nfri.re.kr

국제에너지기구 www.iea.org

극지연구소 www.kopri.re.kr

대한민국해군 www.navy.mil.kr

문화재청 www.cha.go.k

박물관 포털 e뮤지엄 www.emuseum.go.kr

한공우주연구원 www.kari.re.kr

한국수력원자력 www.khnp.co.kr

한국에너지공단 www.energr.or.kr

한국항공우주산업 www.koreaaero.com

현대자동차 www.hyundai.com

이미지 출처

한눈에 보이는 수송 기술의 역사

뗏목 게티이미지뱅크

비거 http://blog.daum.net/bae6607/7847795

퀴뇨의 증기 자동차 http://upload.wikimedia.org/wikipedia/commons/5/56/FardierdeCugnot20050111.jpg

릴리엔탈의 글라이더 게티이미지뱅크

포드 자동차 http://lost-toronto.blogspot.kr/2011/02/mod.html

타코마다리 http://www.me.umn.edu/courses/me4054/lecnotes/desProcessSlides/desProcessErrors.html

TBM http://www.tunneltalk.com/France-High-Speed-Rail-Sep12-Dual-mode-Herrenknecht-TBM-completes-Vosges-mountain-drive.php

LNG선 https://warriorpublications.wordpress.com/tag/bc-natural-gas/

스텔스 https://en.wikipedia.org/wiki/Stealth_aircraft

인천국제공항 인천국제공항공사(http://www.cyberairport.kr/co/ko/1/4/index.jsp)

쇄빙선 아라온호 http://www.kopri.re.kr/home/contents/m_4212000/userBbs/bbsView.do?bbs_cd_n=28&bbs_seq_n=200

국제 우주 정거장 http://www.harrisonruess.com/tag/international-space-station/

머리말　시추선 게티이미지뱅크
　　　　드론 게티이미지뱅크

차례　　돌 운반 이미지 게티이미지뱅크
　　　　컨베이어 게티이미지뱅크
　　　　항공모함 게티이미지뱅크
　　　　전투기 게티이미지뱅크
　　　　호버크라프트1 http://www.militaryfactory.com/imageviewer/shp/pic-detail.asp?ship_id=LCAC-Landing-Craft-Air-Cushion&CurrentPic=pic23
　　　　호버크라프트2 http://randa-imagine.blogspot.kr/2013/01/hover-craft.html

1단원

8쪽　　도로 게티이미지뱅크

9쪽　　인천국제공항 국토교통부(http://www.molit.go.kr/portal.do)
　　　　다리 게티이미지뱅크
　　　　시추선 게티이미지뱅크

13쪽　　샤니다르 동굴 http://www.donsmaps.com/clancave.html

16쪽　　진천 농다리 문화재청(http://www.cha.go.kr/korea/heritage/search/Directory_Image.jsp?VdkVgwKey=21,00280000,33&imgfname=1638444.jpg&dirname=tangible_cult_prop&photoname=진천 농다리&photoid=1638444)
　　　　우베인 다리 게티이미지뱅크

17쪽　　현수교, 아치교, 사장교 게티이미지뱅크

18,19쪽　타워브리지 게티이미지뱅크

20쪽　　인천대교 게티이미지뱅크
　　　　지아샤오대교 http://www.gimcheonnews.kr/n_news/news/news_frame.html?no=1894&search_string=&page=

21쪽　　타코마 다리(왼쪽) http://hamodia.com/category/community/
　　　　(중간) http://www.me.umn.edu/courses/me4054/lecnotes/desProcessSlides/desProcessErrors.html
　　　　(오른쪽) http://www.joyst.com/4265021

22쪽　　구오리양 터널 http://pic.sogou.com/d?query=%E9%83%AD%E4%BA%AE&page=1&did=8&st=255&mode=255&phu=http%3A%2F%2Fyouimg1.c-ctrip.com%2Ftarget%2Ffg%2Ft308%2Ff560%2Ff095%2Fdb022a96d96149aba46b988bd5a2bb92.jpg&p=40230500#did7
　　　　현대 터널의 단면도 http://www.gi-tech.co.kr/bbs/zboard.php?id=gipds&page=1&sn1=&divpage=1&sn=off&ss=on&sc=on&select_arrange=headnum&desc=asc&no=11

23쪽　　TBM 공법을 위한 불도저 http://www.tunneltalk.com/France-High-Speed-Rail-Sep12-Dual-mode-Herrenknecht-TBM-completes-Vosges-mountain-drive.php
　　　　인재 양양 터널 https://m.post.naver.com/viewer/postView.nhn?volumeNo=15690423&memberNo=40864363&vType=VERTICAL

24쪽　　의왕시의 내륙컨테이너기지 수출입 컨테이너 의왕CD(http://www.uicd.co.kr)

25쪽　　로테르담 항만 http://www.seanews.com.tr/news/152441/Port-of-Rotterdam-

26쪽　　modernises-mooring-operations-with-dolphins.html
　　　　공항 관제탑 게티이미지뱅크

27쪽　　여의도 공항 http://blog.daum.net/_blog/BlogTypeView.do?blogid=07GZg&articleno=11844297
　　　　인천국제공항 인천국제공항공사(http://www.cyberairport.kr/co/ko/1/4/index.jsp)
　　　　공항 활주로 게티이미지뱅크

28쪽　　석탄 게티이미지뱅크

29쪽　　석탄 게티이미지뱅크

30쪽　　광부 태백석탄박물관(http://www.coalmuseum.or.kr)
　　　　갱도 게티이미지뱅크
　　　　노천 광산 게티이미지뱅크

31쪽　　석탄불 http://www.offroaders.com/album/centralia/photos21.htm
　　　　1983년, 2001년 https://www.tumblr.com/search/centralia,%20pennsylvania
　　　　인도 자리아 탄광촌

32쪽　　원유 http://www.tuvnel.com/tuvnel/article_-_performance_of_flow_meters_in_highly_viscous_fluids

34쪽　　LNG 선박 https://warriorpublications.wordpress.com/tag/bc-natural-gas/
　　　　프로페인 가스 http://www.harringtonscalorgas.co.uk/
　　　　프로페인 가스 차량 http://www.businessinsider.com/propane-shortage-2014-1
　　　　충전소 http://www.gnetimes.co.kr/news/articleView.html?idxno=15702

35쪽　　버스 http://www.autoblog.com/2011/02/10/hyundai-unveils-blue-city-cng-hybrid-bus/
　　　　시추선 게티이미지뱅크

37쪽　　원자로 연료봉 다발 http://www.businessgreen.com/IMG/076/146076/nuclear-fuel-rods.jpg
　　　　진공 용기 내부 https://www.nfri.re.kr/Contents/NFBoard/board.php?bo_table=NF005&wr_id=43&page=3

38, 39쪽　핵융합로, 핵융합 연구 장치 https://www.nfri.re.kr

40쪽　　체르노빌 원자력 발전소 http://www.cofcsd.org/
　　　　방사능에 피복된 아이 http://thewe.cc/weplanet/europe/mastukraine.html

41쪽　　원자력 발전소의 명암 게티이미지뱅크
　　　　쓰나미의 위력 http://www.nydailynews.com/news/world/tsunami-earthquake-rock-japan-world-powerful-earthquakes-tsunamis-article-1.121294
　　　　후쿠시마 원자력 발전소의 폭발 http://www.ibtimes.com/japan-earthquake-2012-study-warns-major-tokyo-quake-399756

2단원

44쪽　　목재 운반용 트럭 http://ridethewindranch.blogspot.kr/2012/04/april-16-logging-truck-on-route-in.html

45쪽　　자동차 도로, 트랙터 게티이미지뱅크

46쪽　　바퀴의 탄생 과정 http://www.scienceall.com/contents/contents.sca?todo=contentsview&bbsid=816&pageno=2&articleid=291401&searchKind=T&searchKeyword=&pagesize=10

47쪽　　최초의 타이어 http://www.oldbike.eu/
　　　　20세기, 21세기 타이어 http://autodelta.egloos.com/viewer/2957548

48쪽　　전차군단 게티이미지뱅크

49쪽　　소가 끄는 수레 http://blog.daum.net/ksgcyj/7826552
　　　　손수레, 말이 끄는 수레 게티이미지뱅크

50쪽　　가마 http://www.emuseum.go.kr/relic.do?action=view_t&mcwebmno=100898
　　　　궁궐로 가는 모습 http://blog.daum.net/ksgcyj/7826411

51쪽　　자전거(좌측) http://protopopescu.org/dan/Travel/Rome/City/da_Vinci_Bicycle.html
　　　　자전거(우측) http://commons.wikimedia.org/wiki/File:Kangaroo_Bicycle_Rev.jpg
　　　　자전거 이미지(하단) 게티이미지뱅크

52쪽　　산악용 http://www.asia.ru/fr/ProductInfo/199839.html
　　　　다운힐 http://www.cyclery.de/bikes/gt-bikes/downhill-freeride-dirt/gt-fury-team-carbon-dh-downhill-bike-2012.htm
　　　　도심형 http://www.amazon.com/Northwoods-Springdale-Speed-Hybrid-Bicycle/dp/B003PJHQ00
　　　　2인용 http://www.paketabike.com/index.cfm?page=V2RTandem_page2

BMX http://www.tinazzi.fr/bmx-marseille.html
사이클 http://www.mmo-champion.com/threads/898375-Looking-for-a-road-bike
53쪽 1960년대 국산 자전거 공장/next/anniversary/relationRecord.do?anniversaryId=9819000000#)
엄복동 사진 주자전거박물관(http://www.sangju.go.kr/green/main/main.jsp?code=GREEN_BICYCLE_2_4&home_url=green)
54쪽 펌프(왼쪽) http://www.top-pumps.com/products.php?showei=&Leiid=149
펌프(오른쪽) http://www.bigislandparty.com/Professional-Balloon-Pump.html
토마스 세이버리의 증기 펌프 http://www.makingthemodernworld.org.uk/stories/the_age_of_the_engineer/03.ST_02/
55쪽 증기 기관의 모형 http://www.popularmechanics.com/technology/engineering/extreme-machines/a-brief-history-of-the-steam-engine-2#slide-4
56쪽 자동차 스케치 http://leonardoda-vinci.org
자동차 모형 http://www.leonardodavincisinventions.com/mechanical-inventions/leonardo-da-vincis-car/
스테빈이 만든 자동차 http://users.ugent.be/~gvdbergh/files/publatex/stevinoe.html
57쪽 증기 자동차 http://upload.wikimedia.org/wikipedia/commons/5/56/FardierdeCugnot20050111.jpg
58쪽 특허 문서 표지 http://files.mercedes-fans.de/images/2010/12/benz-patentschrift-motorwagen.jpg
세바퀴 자동차 http://eblog.mercedes-benz-passion.com/wp-content/gallery/technoclassica125automobil/1024_464054_793575_3570_2854_1004818647096a90f350.jpg
포드 자동차 http://lost-toronto.blogspot.kr/2011/02/mod.html
60쪽 증기 추진 자전거 http://blog.hemmings.com/index.php/tag/steam-powered/
미쇼의 자전거 http://www.2ri.de/Bikes/Michaux-Perreaux/1869/Michaux-Perreaux?Printview=true
오토바이 http://www.albatrosmt.narod.ru/temi/oboi/Harley.htm
61쪽 라이트바겐 http://blog.motorcycle.com/2009/03/16/history/worlds-first-motorcycle/
할리데이비슨(왼쪽) http://s582.photobucket.com/user/robot6/media/harleyshield.jpg.html
할리데이비슨(가운데) http://ko.wikipedia.org/wiki/%EC%8B%B8%EC%9D%B4%EC%B9%B4
할리데이비슨(오른쪽) http://motorcycleppf.com/moto-110-years-of-harley-davidson-motorcycles.html
62쪽 점화 엔진 http://www.dieselduck.info/historical/01%20diesel%20engine/rudolph_diesel.html#.VP_UI08fqpp
63쪽 K-360 트럭 http://www.cartype.com/pages/1388/kia
캐터필러 http://les-camionneurs.forumpro.fr/t19-un-dumper
목재 운반용 트럭 http://ridethewindranch.blogspot.kr/2012/04/april-16-logging-truck-on-route-in.html
64쪽 1895년 버스 http://starkwhite.blogspot.kr/2012_02_01_archive.html
1953년 버스 http://www.cargurus.com/Cars/1953-Volkswagen-Microbus-Pictures-c13245
65쪽 이층버스 게티이미지뱅크
66쪽 트레일러 http://www.bombayharbor.com/company/65958p1/product.html
경운기 http://qanz.tistory.com/191
67쪽 트랙터 2개 게티이미지뱅크
68쪽 다용도 트랙터 http://www.jcb.com/PressCentre/NewsItem.aspx?ID=969
69쪽 증기 삽 http://www.nps.gov/media/photo/gallery.htm?id=BF35F887-1DD8-B71C-0793D04A3C9075AF
70쪽 특허 도면 http://www.google.com/patents/US1522378?printsec=abstract&dq=1522378&ei=iagXT7qWCYqbtwe76JHpAg#v=onepage&q=1522378&f=false
불도저 http://www.directindustry.com/prod/hitachi-construction-machinery/large-excavators-20548-921641.html
70~71쪽 불도저 삽화 게티이미지뱅크
71쪽 초대형 굴착기 http://www.directindustry.com/prod/komatsu-construction-mining-equipment/bulldozers-20626-581138.html
72쪽 이동식 크레인 http://hhmy.en.alibaba.com/product/242143916-0/truck_crane.html
다양한 지게차 http://www.operatorbelgesi.gen.tr/forklift-turleri-cesitleri.html
73쪽 트레일러 http://www.wallpaperup.com/166298/Wrecker.html
특수 소방차 http://www.ponderosavfd.org/news/

74쪽 가솔린 기관 소방차 http://firefighterparamedicstories.blogspot.kr/2010/05/fire-service.html
완용 소방 펌프 http://blog.naver.com/ksj_36/80210084697
75쪽 트럭믹서 http://www.schwing-stetter.nl/producten-schwing/mixerpomp/mixerpomp-fbp24/
탱크로리 http://www.myinterestingfacts.com/wp-content/uploads/2014/02/George-Stephenson-Stamp.jpg
76쪽 패니대런 http://www.herrmann.me.uk/r20040530railfestnmyork/index.htm
우표 http://www.myinterestingfacts.com/wp-content/uploads/2014/02/George-Stephenson-Stamp.jpg
78쪽 기차 http://static.panoramio.com/photos/original/11444713.jpg
79쪽 F1 전용 경기장 http://www.theepochtimes.com/news/7-10-3/60367.html
80쪽 F1 머신의 운전석 http://cuttingedgecarbonblog.files.wordpress.com/2012/11/cars-team-cockpit-formula-one-mclaren-f1-motorsports-racing-cars-2560x1600-hd-wallpaper1.jpg
80~81쪽 경주 도로, 스포츠카 게티이미지뱅크
82쪽 초기의 엘리베이터
83쪽 오티스 개발 엘리베이터 http://f.hypotheses.org/wp-content/blogs.dir/1394/files/2014/04/Otis-1854.jpg
현대 엘리베이터 게티이미지뱅크
84쪽 백룡 엘리베이터 http://www.souid.com/archives/120.html
86쪽 스크루 펌프 http://oliversalt.wordpress.com/2013/03/06/archimedes-screw-pump/
컨베이어 http://www.directindustry.com/prod/andritz-ag-pumps-division/archimedes-screw-pumps-26150-974595.html
87쪽 컨베이어(첫 번째) 게티이미지뱅크
공기 컨베이어 http://ut-ec.com/en/filling-equipment/conveyors/air-conveyors
88쪽 파이프라인 http://tgeink.com/modernizing-the-pipeline
89쪽 드루즈바 파이프라인 노선 참조 http://eurodialogue.eu/Druzhba-Pipeline-Map
90쪽 도로 게티이미지뱅크

3단원

92쪽 여객선 게티이미지뱅크
93쪽 뗏목, 잠수함, 항공모함 게티이미지뱅크
94쪽 뗏목 좌, 우 게티이미지뱅크
95쪽 통나무배 http://www.panoramio.com/photo/6830707
우리나라 통나무배 http://blog.naver.com/hume1018/50103596687
95쪽 통나무배
96쪽 범선(상) http://www.superyachttimes.com/editorial/6/article/id/3995
범선(하) 게티이미지뱅크
97쪽 커티삭호 모형 http://shop.rmg.co.uk/cutty-sark-shop-by-theme/cutty-sark/product/cutty-sark-ship-model-mini.html
97쪽 커티삭호 https://en.wikipedia.org/wiki/Cutty_Sark
98쪽 거룻배 게티이미지뱅크
99쪽 한선 http://kjboat.com/tsr
판옥선, 거북선 http://egloos.zum.com/cybragon/v/5878816
100쪽 여객선 http://www.fromthefrontrow.net/2012/04/soundtrack-review-titanic-collectors.html
101쪽 코스타 빅토리아 http://www.smartcruiser.com/costa-cruise-lines/costa-victoria/
101쪽 선박 평형수 http://www.samsungshi.com/Kor/Company/default.aspx
102쪽 컨테이너선, 컨테이너 게티이미지뱅크
103쪽 유조선 http://maritime-connector.com/ship/abu-dhabi-iii-9489027/
LNG-FSRU http://www.lngworldnews.com/baker-botts-represents-hoegh-lng-in-indonesia-fsru-deal/
104쪽 쇄빙선 http://www.kopri.re.kr/home/contents/m_4212000/userBbs/bbsView.do?bbs_cd_n=28&bbs_seq_n=200
105쪽 해양 소방선 http://www.ral.ca/designs/fireboats.html
106쪽 목제 잠수함 http://www.allumination.co.uk/wp-content/uploads/2007/12/Drebbel-submarine.html
107쪽 잠수함 내부 구조 http://www.infohow.com/wp-content/uploads/2012/11/Victoria-Class-vs-Kilo-Class-Submarines.jpg
107쪽 잠수함(아래) 게티이미지뱅크
103쪽 스노클 http://www.crazywater.co.uk/index.php/boards/body-boarding/accessories/gul-adult-mask-snorkel-set.html
108쪽 아거스호 http://www.naval-history.net/xGM-Chrono-04CV-Argus.htm

108쪽   항공모함 퀸엘리자베스호 http://pgtyman.tistory.com/433
109쪽   세종대왕함 대한민국해군 www.navy.mil.kr
110~111쪽 게티이미지뱅크
112쪽   베시스케이프 http://www.reddit.com/user/eluisquetzalli
113쪽   해미래 www.kimst.re.kr-11월 테마연구_무인잠수정.pdf
114쪽   타이타닉 잔해 http://i.ytimg.com/vi/lwfIYwl-IT8/maxresdefault.jpg

4단원

116쪽   이미지 게티이미지뱅크
117쪽   이미지 3개 게티이미지뱅크
118쪽   열기구(좌측) http://www.kari.re.kr/sub030301/articles/do_print/tableid/dic_flight/page/3/id/2591
        열기구(우측) http://www.airliners.net/photo/Roleski/Kubicek%20Balloons%20SS%20Montgolfier/1780351/L/&width=850&height=1287&photo_nr=&sid=&set_photo_album=hide
119쪽   체펠린 http://www.neuronilla.com/documentate/articulos/57/930
120쪽   힌덴부르크호 http://www.nbcnews.com/slideshow/news/the-hindenburg-disaster-47286006
121쪽   릴리엔탈 행글라이더 게티이미지뱅크
121쪽   여러 가지 릴리엔탈 행글라이더 http://www.lilienthal-museum.de/olma/pres.htm
122쪽   비거 http://blog.daum.net/bae6607/7847795
        행글라이더, 세일플레인, 패러글라이더 게티이미지뱅크
123쪽   라이트 형제 http://www.palmbeach.k12.fl.us/congressms/0910stuwk/meganhero/image.html
124쪽   신문기사 http://www.palmbeach.k12.fl.us/congressms/0910stuwk/meganhero/image.html
125쪽   여객기 http://www.thisdayinaviation.com/amelia-earharts-lockheed-electra-10e-special-nr16020/
126쪽   에어버스 A380 http://www.1zoom.net/Aviation/wallpaper/268673/z1045,6/
127쪽   열기구 http://www.airliners.net/photo/Roleski/Kubicek%20Balloons%20SS%20Montgolfier/1780351/L/&width=850&height=1287&photo_nr=&sid=&set_photo_album=hide
        릴리엔탈 행글라이더 게티이미지뱅크
        조지 케일리가 만든 행글라이더
        동력 비행기 http://www.archives.gov/historical-docs/todays-doc/?dod-date=1217
        여객기 http://www.1zoom.net/Aviation/wallpaper/268673/z1045,6/
128쪽   VS-300헬리콥터 http://www.indiandefencereview.com/spotlights/the-helicopter-as-a-combat-platform/
129쪽   수리온 한국우주산업 (http://www.koreaaero.com/)
130쪽   카멜 게티이미지뱅크
131쪽   머스탱 http://hdshed.com.au/patrick-stevenson/north-american-p-51-mustang/
        KT-1, T-50 대한민국공군 (http://www.airforce.mil.kr)
132쪽   스텔스 내부 구조 http://www.militarydesktop.com/b-2-building-56413-wallpaper.html
        F-22 http://greginsd.wordpress.com/2011/12/20/video-f22-raptor-takeoff-w-afterburners/
        F-35 게티이미지뱅크
133쪽   신기전 http://en.wikipedia.org/wiki/Singijeon
134쪽   로켓의 종류 http://en.wikipedia.org/wiki/Congreve_rocket
        V-2 개량 로켓 https://upload.wikimedia.org/wikipedia/commons/f/fb/Bumper8_launch-GPN-2000-000613.jpg
135쪽   HE-178 http://www.therpf.com/f11/he-178-worlds-first-turbojet-aircraft-159687/
        터보팬 제트 엔진 https://originaldougal.com/beautiful-engines/
136쪽   Rayan Firebee http://commons.wikimedia.org/wiki/File:BQM-34A_Firebee_I_1.JPEG
137쪽   헬리오스 http://www.nasa.gov/centers/dryden/news/ResearchUpdate/Helios/Previews/index.html
        무인기 비조 http://defence.pk/threads/south-korea-to-transfer-uav-missile-technologies-to-uae.269197/
138~139쪽 드론 이미지 2개 게티이미지뱅크
140쪽   각종 폐기물들 http://planeta.blog.hu/2014/05/10/nagytakaritas_az_urben

5단원

142쪽   국제 우주 정거장 http://www.bisbos.com/Images_illustrations/space_elevator/3_spacestation_1024.jpg
143쪽   호버크라프트, 국제 우주 정거장 게티이미지뱅크
145쪽   TxTag https://www.google.co.kr/search?q=txtag&biw=1536&bih=698&source=lnms&tbm=isch&sa=X&sqi=2&ved=0CAYQ_AUoAWoVChMI9NvdItqqyAIVy6eUCh3UiwER#imgrc=f18XQgA5So8jqM%3A
        전용차선 https://www.google.co.kr/search?q=txtag&biw=1536&bih=698&source=lnms&tbm=isch&sa=X&sqi=2&ved=0CAYQ_AUoAWoVChMI9NvdItqqyAIVy6eUCh3UiwER#imgrc=4sgUVQsLRVC5xM%3A3B4sgUVQsLRVC5xM%3A%3B4sgUVQsLRVC5xM%3A%3Bxv3XwOKAfkWM-M%3A&imgrc=4sgUVQsLRVC5xM%3A
146쪽   블랙박스1 http://www.vosizneias.com/158886/2014/03/20/washington-loss-of-malaysia-plane-spurs-calls-to-upload-black-box-data-to-the-cloud/
147쪽   차량용 블랙박스1 http://www.aliexpress.com/item/GS5000-Full-HD-1080P-Car-DVR-Camera-Night-Vision-140-Degree-IR-Vehicle-Dash-CAM-Black/724751864.html
        차량용 블랙박스2 http://ameblo.jp/taiwinsupas1984/entry-11601248490.html
        항공기 블랙박스 http://www.atsb.gov.au/publications/2014/black-box-flight-recorders.aspx
        블랙박스의 내부 구조 http://aviationknowledge.wikidot.com/aviation:black-box
148쪽   자동차 에너지 소비 효율 등급 표시 한국에너지공단(http://bpms.kemco.or.kr/transport_2012/car/car_co2.aspx)
149쪽   자동차 프리우스 http://www.showcarpic.com/prius-toyota-com-831/
        자동차의 엔진룸의 모습 http://cars.findthebest.com/l/10984/2015-Kia-Soul-EV-4dr-Wagon-electric-DD
        전기 자동차 충전 게티이미지뱅크
151쪽   세그웨이 http://wcent.com/blog/
152쪽   자이로스코프 센서 http://proactivliving.wozaonline.co.za/_item?item_id=012001
        휠체어 아이봇 http://tocud.boxhost.me/usc-bean-bag-cair/ibot-independence-eelcair.php
153쪽   자율 주행 자동차 http://www.autoevolution.com/news/s-class-drives-completely-autonomously-bertha-benz-s-memorial-route-video-66578.html#
154쪽   구글 자율 주행 자동차 http://recode.net/2014/05/27/googles-new-self-driving-car-ditches-the-steering-wheel/
        전격 Z작전 http://www.flickeringmyth.com/2013/06/knight-rider-movie-adaptation-moves-up.html
155쪽   Tu-144 http://avioners.net/2009/12/tupolev-tu-144-wallpaper-281.html/
156쪽   콩코드와 보잉 747 http://avioners.net/2013/07/incidentally-aerospatiale-concorde-and.html/
157쪽   T-50 http://www.koreaittimes.com/image/t-50-golden-eagle
158쪽   호버크라프트 http://www.hovercraft-india.com/
159쪽   호버크라프트 http://randa-imagine.blogspot.kr/2013/01/hover-craft.html
        호버크라프트 원리 http://en.wikipedia.org/wiki/Hovercraft
160쪽   주부르 게티이미지뱅크
161쪽   LCAC http://www.militaryfactory.com/imageviewer/shp/pic-detail.asp?ship_id=LCAC-Landing-Craft-Air-Cushion&CurrentPic=pic23
        얼음 위를 달리는 호버크라프트 게티이미지뱅크
162쪽   위그선 http://chinesemilitaryreview.blogspot.kr/2012/09/chinese-sh-5-maritime-patrol-aircraft.html
163쪽   위그선 www.aron.co.kr
164쪽   스푸트니크1호 http://en.wikipedia.org/wiki/Sputnik_1
166쪽   아리랑 2호 구조도, 아리랑 1, 2, 3호 항공우주연구원 http://www.kari.re.kr
167쪽   우주 정거장 미르 http://kr.top1walls.com/wallpaper/1693558-%EC%9A%B0%EC%A3%BC-%EC%A0%95%EA%B1%B0%EC%9E%A5-%EC%9A%B0%EC%A3%BC-%EC%99%95%EB%B3%B5%EC%84%A0
169쪽   국제 우주 정거장 http://www.harrisonruess.com/tag/international-space-station/
169쪽   2011년 국제 우주 정거장 게티이미지뱅크
170쪽   치올콥스키와 그가 스케치한 우주선 관련 그림 http://jap.physiology.org/content/91/4/1501
171쪽   탄소 나노 튜브 http://compassmag.3ds.com/it/Media/Images/Autumn-2013/Research/SELF-ORGANIZING-CIRCUITS/SELF-ORGANIZINGCIRCUITSGALLERY2
171쪽   우주 엘리베이터의 조감도 http://wall4all.me/wallpaper/1053050-Earth-space-elevator
172쪽   미래도시 http://wallpapersinbox.blogspot.kr/2011/09/future-cities-wallpapers.html

찾아보기

10대를 위한 기술선생님이 들려주는 궁금한
수송 기술의 세계 03

초판 1쇄 발행 2015년 10월 30일
    4쇄 발행 2021년 11월 15일

지 은 이 | 오규찬, 한승배, 오정훈, 이동국, 심세용
발 행 인 | 신재석
발 행 처 | (주)삼양미디어
등록번호 | 제10-2285호
주   소 | 서울시 마포구 양화로 6길 9-28
전   화 | 02 335 3030
팩   스 | 02 335 2070
홈페이지 | www.samyang*M*.com

I S B N | 978-89-5897-310-2 (44500)
            978-89-5897-309-6 (5권 세트)